Power Point
必勝簡報原則154

「提案型」✕「分析型」兩大類簡報一次攻克！

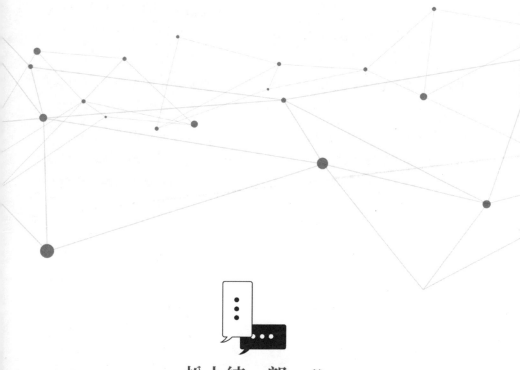

松上純一郎 —— 著

許郁文 —— 譯

前言

擔任企業顧問的我，到目前為止，看過許多企業在製作簡報上的問題，例如有的簡報做得太複雜難懂，導致會議無法順利進行；有的則讓好的創意或企劃重點被埋沒，無法得到青睞；耗費大量時間製作的簡報，上司看了卻沒什麼反應……以上都是常見的現象，而這些令人沮喪的結果，並非製作者偷工減料或製作不夠用心，大多是因為製作技巧不純熟所導致。明明市面上有許多簡報製作的相關書籍，也有許多講解簡報製作技巧的講座，為什麼還是會發生這些狀況呢？

其實這是因為簡報製作所需的技巧非常廣泛，必須懂得建立假設，擁有符合邏輯的思考，也必須具備資料蒐集、文字圖解、使用圖表、條列項目、設計美化、PowerPoint操作與心理溝通等技巧。

但我們很難全面點亮上述的技能，也很難系統化地了解每項技巧的相關知識，所以大部分的書籍只能將重點放在局部（例如、圖解、編排、PowerPoint的操用方法），這也導致讀者無法綜覽簡報製作的全貌。若以練習棒球來比喻，就像是只練習了揮棒，其餘一概不知，如此一來，不管練得再久，也不可能參加真正的棒球比賽，因為真正的棒球比賽還需要守備或跑壘等技巧。

有鑑於此，我以商務人士為主要對象，從2010年11月開始舉辦「戰略性簡報製作技巧講座」，系統性地介紹簡報製作技巧。講座內容並非只著

重在簡報製作的理論或小技巧，而是一氣呵成地從簡報製作的基礎思考到具體實踐方法的完整說明。雖然只是為期兩天的講座，卻獲得不少好評，直到演說2018年10月，已累積接近千名的學員，若是連同其他的簡報製作講座與企業研修算在內，至今已為1500名學員講解過簡報製作的方法。不管是企業管理、行銷企劃還是經營顧問類需要簡報的業界人士，或是從事業務推廣與研發工程工作者，都成為講座的學員，締造了不凡的成果。

某些企業顧問告訴我，在參與講座之後，能在提案時讓客戶更了解自己的想法，有些學員則在公司內部簡報得到好評，有的學員甚至告訴我，他更懂得了何謂邏輯思考……不同學員給予了我不同的回饋，有位職能治療師，更說出了他是如何利用簡報讓經營高層了解第一線人員心聲的例子，我也再次體驗到透過簡報溝通的威力有多麼強大。

連續舉辦了8年的講座，在經歷不斷地嘗試與調整後，更明白該怎麼講解，才能幫助學員學會與實踐。過程中，整套課程變也得更具體且系統化，也變得更加細緻。

本書除了集結「戰略性簡報製作技巧講座」內容中的各種簡報製作技巧外，也將會這些操作系統整理成一套具體的方法，因而讓本書的內容超過500頁，不過，各位讀者不妨將其視為商務人士工作上碰到各種簡報製作問題時，滿載邏輯與技巧的實用書籍。

其實，前述的技巧也能在職場其他領域助大家一臂之力，例如邏輯思考

與溝通技巧，都能幫助各位在會議中更簡明扼要地表達出意見與想法，圖解則能有效地促成與會人員的共識。我在講座中總會將「透過簡報製作，提升工作核心技巧」這句話掛在嘴邊，而本書的內容更是濃縮了這些工作核心技巧。

這類書籍很容易寫成主題式的技巧大全，本書卻是透過「健身房 招募會員」這類實例，讓讀者完整了解製作投影片及書面資料的過程，不僅能培養各式簡報的技巧，更能清楚明白簡報製作的完整流程。此外，本書中關於圖解與圖表的範本檔案皆提供下載，所以自購得本書開始，你的簡報的品質與製作速度便開始提升了。

假設你曾閱讀過許多簡報製作相關的書籍，或許可透過本書認識到還缺乏哪一塊的知識；若是第一次購買簡報書籍的讀者，則可立即將本書的內容應用在簡報製作上。最推薦的閱讀方式是一開始先粗略地翻閱本書，對簡報製作有個基本的全面認知，再針對自己感興趣的部分細讀。讀完之後，不妨將本書放在隨手可及的位置，在不知道該如何製作簡報時，將本書當成技巧辭典使用。雖然Google簡報正逐漸取代PowerPoint的地位，但製作簡報的邏輯卻是始終一致的。

我希望講座能「為學員帶來改變與成長」，撰寫本書同樣也能讓各位讀者產生一些改變。明顯的改變往往來自「不起眼的改變以及這些改變帶來的自信」。我自己也是在這些微不足道的改變中慢慢變得更有自信，也希望各位讀者能從本書找到自己需要的主題，進而實踐主題的內容。

以我為例，就連我自己也因為具備簡報與資料製作技巧而受惠，例如：為客戶提供諮詢服務時、在NGO創立新事業時、在國外與當地合作夥伴溝通時、設立自己的公司時……說是靠簡報技巧來實現自己的想法也不為過。

如果本書能讓為簡報製作所苦的讀者減少困擾，或是打造一個不受投影片好壞影響，可以正確評估創意的社會，對我而言，是件再幸福不過的事。由衷渴望本書能助各位一臂之力。

株式會社Rubato董事長
松上純一郎

本書的使用方式

本書為了「早一步完成撼動人心，獨步領先的簡報」，將內容分成12章，其中包含簡報製作的邏輯、事前準備、實際製作簡報、簡報與簡報傳送等重點。

第1章說明PowerPoint簡報及書面資料的製作邏輯，告訴大家為什麼「製作撼動人心、獨步領先的簡報」如此重要，也說明了製作簡報的基礎心法。不管想學會的技法為何，都得先從心法入門。心態正確，就能了解藏在技巧背後的思維，也能早一步學會技巧，而這項心法不僅能用於簡報製作，也能應用在其他的工作上。

第2章是建立「早一步完成簡報」的操作環境。若不先自訂好PowerPoint的操作環境，作業效率很可能被大幅拖慢，只要先做好設定，便能有效率地進行操作，接著是記住各個快捷鍵，讓作業變得更有效率。

第3章與第4章是整理簡報資料的目的與故事線，藉此「讓人採取行動」。尤其第3章目標的設定是製作簡報的重中之重，沒有重點的簡報很難令人理解，往往白費了大量的製作時間或產生了不好的結果，所以得先訂出製作簡報的目標。

第5章是訂出假設以及蒐集資料的方法，以便「早一步完成簡報」。設定假設的關鍵在於利用框架整理出「讓人採取行動」的重點。

第6章與第7章是製作PowerPoint簡報的骨架與製作簡報的規則，以便做出「適合閱讀的資料」。建立簡報製作的規則，可避免浪費時間在選擇顏色、圖形或字型。

第8章的「條列重點」、第9章的「圖解化」、第10章的「圖表」會具體說明「適合閱讀」的投影片該如何製作。尤其圖解的部分,非常重視使用「模型」。圖解的模式多得讓不知道該從何學起,所以建議大家先從基本的「模型」開始認識。

第11章是整理「一致性的作業流程」,讓分開製作的投影片保有同質性。最後的第12章則是講解「簡報的發佈與演練」。最後的兩章都是在製作簡報時非常容易被忽略的重點,希望各位讀者能透過本書徹底了解這兩章提及的重點。

根據上述的流程學習,就能學會製作「早一步完成讓人採取行動、容易被理解的簡報及資料」技巧。

本書使用的實例

本書虛構了一家「健身房Rubato」公司，讓大家可透過具體的實例確認學習內容。「健身房Rubato」的故事如下。

◫ 「健身房Rubato」的故事線

「我」隸屬於「健身房 Rubato」的業務部。業務部長要我擬訂一份宣傳計劃，幫助會員數一千五百人的三軒茶屋店的會員由減轉增。「我」雖然對自己的創意很有信心，但是截至目前為止，向業務部長提出的企劃案全被駁回。我認為這是因為我不擅於製作簡報，過於依賴口頭說明的緣故。

我現在希望的是能製作一份有憑有據、說服力滿點的資料，再向部長提出，好讓自己的創意得以付諸實行。下列是我一直在思考關於「健身房Rubato」的現狀與對策。

◉ 會員數不斷下降

「健身房 Rubato」自開業以來，每個月的會員數都不斷增加，但這半年的成長率卻較前一年低，原因應該是無法吸引到考慮入會的潛在客戶。

⊙ 會員數下降的原因

會員數下降的原因有很多，第一點可能是因為內部裝潢與設備日漸老舊，另一點則是競爭對手日益漸增，尤其是多了許多24小時營業的健身房更是一大威脅。此外，少子化、地區人口外流也產生了一定的影響。

不過，在分析會員數減少的因素之後發現，減少的只有申請體驗課程的會員，凡是參與過體驗課程後，決定購買正式課程的會員數，在比例上並未少於前一年。

⊙ 新的宣傳計劃

基於上述，我認為讓更多人願意申請體驗課程是目前的重點，為此，想了三個宣傳計劃。

① 發送免費體驗健身房課程的傳單。
② 免費健身教練課程。
③ 只限會員朋友的免費體驗活動。

比較上述三案的成本與效果之後，我覺得以②的免費健身教練課程可能最為有效，實施這項宣傳計劃之後，每個月預估可新增15位會員。

目錄

第**1**章 PowerPoint簡報製作
邏輯的大原則

第**2**章 PowerPoint簡報製作
作業環境的大原則

第3章 PowerPoint簡報製作
目的設定的大原則

第4章 PowerPoint簡報製作
安排故事線的大原則

目錄

第**7**章　PowerPoint簡報製作
設定規則的大原則

目錄

目錄

第**11**章　PowerPoint簡報製作
統一流程的大原則

第**12**章　PowerPoint簡報製作
講義與簡報的大原則

目錄

PowerPoint簡報製作

邏輯的大原則

大原則

簡報製作是商場人士的 「必備技巧」

大家對「簡報製作」都抱持著什麼印象呢？會不會有許多人的答案都是「很麻煩」、「超花時間」、「一點也不擅長」呢？根據PRESIDENT公司的調查（PRESIDENT 2014.11.17號）指出，對於簡報製作回答「沒有自信」的商務人士高達43.7%，若將範圍再放大至一般的上班族，比例更是上升至54.8%。現況的確就是有許多人自認不擅於製作簡報。

我曾為不少企業提供諮詢服務，常看到這些企業在打算進軍新領域或改革事業體系時，卻因為專案負責人不擅長簡報，導致整個過程遇到阻礙。明明是很棒的點子，卻因企劃書寫得太難懂，導致案子無法通過，或者是企劃書漏寫了重要的內容，必須另以口頭進行說明與補充，這些都是很常見的問題。

或許有人覺得「不就只是做簡報嗎？」但在我看過無數次因為簡報製作不佳，導致無法將企劃與提案的想法表達清楚的例子之後，我不禁覺得簡報製作已成為商務人士必備的技巧之一。

前述的調查指出，在從一般員工一路爬上組長、主任、課長、處長、經理、董事的過程中，回答「對於簡報製作有自信」的比例也跟著節節上升，到了經營者與董事級別的人，回答有信心的比例更高達79.4%。或許這是因為他們有更多的機會製作簡報。我的經驗告訴我，越是擅長製作簡報的人，越有機會爬上高位。

接著，就讓我們一起思考，為什麼簡報製作技術對商務人士如此重要，也分析一下簡報做不好的原因，以及簡報都有哪些分類，我們又該學會哪些製作簡報的技巧吧。

001 簡報製作是商場人士必備的技巧

大家曾系統性地學習過簡報製作技巧嗎？應該大部分人都沒有這種經驗吧！雖然我們經常都為了手邊的工作製作簡報，卻從來沒從頭到尾學過簡報製作的流程與方法，能正確製作出簡報的人也少之又少。

在諮詢時，遇到的出色商務人士手上通常有一些不錯的公司內部改革方案或是新事業提案，但一半以上都無法清楚解釋企劃的內容，導致這些提案無法被採用。這些案子之所以無法通過，一部分原因在於企劃負責人的簡報製作技巧不足，只可惜負責人自己往往無法察覺這點。

以日本企業為例，以往為終身雇用制，重視的是過去的經驗以及團體間的默契，所以不太需要透過簡報溝通；但如今時代早已不同，講究的是由各方面的人材共同討論催生出具有新附加價值的商機，那套揣測上意的溝通方式早已不管用。

這就是我在2010年舉辦簡報技巧講座的契機。只要學會顧問級的簡報製作技巧，一般企業員工就能讓手上的業務變得更具生產力，也能進一步推動新事業的開展。

原則

002
不擅長英語的亞洲人更該運用簡報溝通

在全球化時代裡，簡報越來越顯得重要。曾有段時間，我隨著國際非政府組織，在非洲的尚比亞與南亞的孟加拉人民和國推動專案。與現場的工作夥伴開會時，由於彼此的母語都不是英語，再加上多半都使用電話會議，導致在溝通上誤會連連。

當時我決定改以簡報溝通。在電話會議開始之前，我會先將PowerPoint檔案寄給對方，再透過電話說明內容。如果對方有什麼想法，則可將想法寫在檔案裡。這種方法也大幅提升了溝通效率。

與以英文為母語的人溝通時，這個方法也非常管用。以英文為母語的人在以英語與我們溝通時，通常較佔優勢，此時若回應「我聽不懂你在說什麼，能不能根據我的簡報開會，或是將你的意見寫在檔案裡」，對方的氣焰就不會那麼高漲。以笨拙的英語製作簡報也沒關係，即便對方問你簡報裡的英文句子是什麼意思，主控權仍然還是在我們手上。

有不少人為了跟上全球化的潮流而拼死拼活學英文。語文能力固然重要，但想與母語者平起平坐地對談，需耗費大量的時間與精力學習。若能有效利用簡報掌握主控權，就能讓溝通變得更流暢，我們實在沒有理由不多加利用簡報來製造優勢。

以PowerPoint製作簡報的壓倒性優勢

許多人一聽到「簡報製作」，直覺會先想到用Word，但真正能幫助我們順利推動工作的則是PowerPoint。比起Word，PowerPoint在製作簡報時有以下兩項絕對優勢。

① 可運用圖案或圖表說明
② 資訊更加明確

Word製作出來的文件通常多以文字來表達，並不多見圖案或圖表，雖然Word也具有插入圖案或圖表的功能，但通常無法與內文完美融合在一起，導致這些圖案或圖表淪為補充說明。反觀PowerPoint是以圖案或圖表為主軸，所以能讓讀者更直覺地了解內容。

此外，Word資料多以文章說明，讀者必須花時間閱讀，才能找出重點，反觀PowerPoint可運用一張張的投影片清楚條列重點，主旨更為明確，讀者也能在短時間內理解內容。

基於上述優勢，商業人士選擇使用PowerPoint製作提案與企劃的機會越來越多，而使用PowerPoint製作出簡單易懂的簡報，也成為商業人士不可或缺的技巧之一。

原則 004 沒有公司會教你製作正確的 **PowerPoint**資料

雖然利用PowerPoint製作簡報的技巧這麼重要，為什麼在公司裡學不到呢？

答案就是PowerPoint與Excel不同，大多數公司也未能正確掌握PowerPoint簡報的製作要訣，最常見的例子，就是公司內部其實也沒有人知道該如何正確地製作PowerPoint投影片。縱使某些員工做出來的PowerPoint簡報很囉嗦難懂，上司也只會評論「那傢伙的投影片總是難懂又沒有重點」，但很少有主管能提出具體的改善方案，所以那些很難懂的簡報也沒有機會改善。

另一個原因，則是公司是由不重視PowerPoint簡報的世代所主導，尤其50代是在還沒有PowerPoint的時代進入職場，並不看重PowerPoint的效果。當我在說明簡報製作的重要性，會出現「主題是簡報製作方法？那不是很簡單的事嗎？」會出現這類反應的，通常都是50歲以上的人。

大部分的公司都是上司命令部屬製作PowerPoint投影片，再以自己的感覺給予回饋。如果上司老是以舊時代的常識教導年輕員工工作技巧，那麼總有一天公司會被時代的巨浪淘汰，而商務人士也不能期待從工作中學習到應會的技巧。

許多人以為PowerPoint簡報就是書面說明資料，其實這是一大誤會。大部分商務人士都會使用PowerPoint來製作「簡報資料」，卻很少用來製作書面說明資料。就連外資公司的顧問，也只在專案啟動會議、追蹤報告或結案報告時使用簡報資料，也就是在開會時使用PowerPoint資料，遠比使用書面說明資料多得多。

簡報資料與說明資料其實非常不同，簡報資料是輔助簡報者說明的資料（Visual aid），書面說明資料並不需要口頭說明，參與簡報的人只要直接閱讀，就能了解的內容。

史蒂芬・賈伯斯或孫正義，這些擅長演說者的簡報資料都只是輔助資料，而非說明資料。但因為史蒂芬・賈伯斯或孫正義的演說方式已成為目前的主流，所以一旦要學生製作說明資料，便不自覺地模仿賈伯斯的做法，在投影片中貼入大量的圖片，但其實這就是將簡報資料誤以為是說明資料的佐證。

說明資料不是為了向群眾簡報而製作的資料，所以通常會縮小文字的字級，字數也會比較多，只插入最低限度所需的圖片，一切都以「方便閱讀」為前提。

	簡報資料	說明資料
主角	簡報者	資料
字數	少	多
字級	大	小
圖片	多	少

本書的主題是書面說明資料的製作方法，而非光是簡報的製作方法，不過只要學會說明資料的製作方法，簡報的製作也會變得手到擒來，只要將文字的部分換成示意圖，簡報者再以口頭說明即可。

反之，學會簡報的製作方法，不一定就能學會書面說明資料的製作方法。簡報資料的重點在於簡報者的口頭說明，主軸也是示意圖，往往缺少說明資料所需的邏輯構造，讓觀看者一聽就懂的部分。

簡報資料

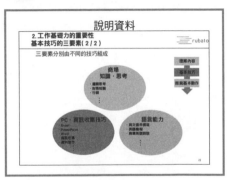

簡報分成「提案型」與「說明型」兩種

簡報的種類很多，每個類別的製作方法也大為不同，大致上可分成提出新方向的「提案型」企劃或提案，或者是為了實施或報告業務的「說明型」計畫與說明這兩大類。

由於上司或顧客需要針對企劃的內容做出判斷，所以「提案型」的簡報必須提供可用於判斷的資訊或依據；反觀「說明型」的簡報是用於說明已決案的實施內容，所以具體的內容比用於判斷的依據更為重要。

	提案型	說明型
簡報種類	・企劃 ・提案 ・改善提案	・計劃 ・說明 ・報告
概要	・判斷提案內容所需的資訊	・用於實施提案內容的資訊 ・用於報告已實施內容的資訊
重點	・可供用於判斷的資訊	・重視具體性

套入PDCA流程之後，Plan（計劃）的階段是製作「提案型」簡報的企劃、提案，等到高層做出決策，再製作「說明型」簡報的計畫。Do（執行）的階段則是製作「說明型」簡報的說明，Check（確認）的階段是利用「說明型」簡報整理出問題，最後的Action（改善）階段則是製作「提案型」簡報的改善提案。每天皆可使用像這樣不同且經過整理的流程，一步步推動手上的工作。

	提案型	說明型
Plan	・企劃 ・提案	
		・計畫
Do		・說明（說明手冊）
Check		・報告書
Action	・改善提案	

實際執行專案時，注意「簡報的PDCA流程」是非常重要的，就算專案流程已臻完善，PDCA流程仍不夠健全的原因，通常在於「簡報的PDCA流程」不健全。

例如準備展開新事業時，只有企劃，沒有說明的話，會陷入企劃先行，第一線的員工不了解企劃的困境，所以請在製作新企劃的簡報及資料時，注意這個「簡報的PDCA流程」。

就我的經驗來看，日本的商務人士很擅長製作計畫、說明這類「說明型」資料，卻不太會製作企劃、提案這類為了上司或外部人士準備的「提案型」資料，或許就是因為這樣，我才常常接到一些要我協助製作「提案型」簡報，以便贏得競標的案件，為此，本書將針對公認製作門檻較高的提案型簡報，說明製作簡報的方法。

大原則

製作「讓人採取行動」、「能獨立閱讀」、「迅速完成」的資料，是非常重要的關鍵

市面上流傳著許多成功商務人士所使用的簡報製作方法，其中一種是利用一張A3影印紙，整理資料的TOYOTA A3報告法，另一種則是利用Excel稿紙製作，力求極簡的ZEN方式，真要舉例的話，恐怕沒完沒了。講解簡報製作方法的書籍在市場上已蔚為風氣，在Amazon等網路書店搜尋「簡報製作」，可找到數百本相關的書籍。在簡報製作方法的相關資訊多到數不清的狀況下，我們到底該學習哪種簡報製作方法呢？

我經手的專案之中，有些應該有超過一萬張A4紙的資訊量，有時候能夠說清楚講明白，有些時候卻不如預期。根據過去的各種經驗，我將簡報製作的重要元素整理成下列三個，第一個「讓人採取行動」，第二個是「能獨立閱讀」，最後一個則是「迅速完成」。

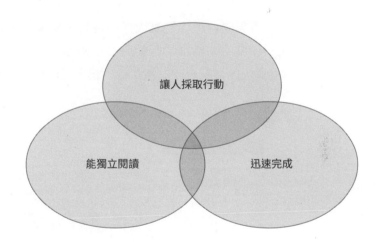

我向來認為，只有這三個條件都齊全了，才稱得上是真正符合商務人士需求的簡報製作技巧。接著，就為大家依序說明這三個元素的重要性。

原則 007 每天的工作就是一連串「讓人採取行動」的任務

一聽到「讓人採取行動」，你可能會聯想到業務促使顧客購買商品這回事，但其實我們的對象不只是公司外部的人，還包含公司內部的人。

例如，向上司提出想法或企劃，請他們協助推動專案等情況。或者你是上司，也會需要部屬聽令行事，而這些都屬於「讓人採取行動」的作業。換言之，我們時常得因為手上的工作必須讓他人採取行動。

不過沒有人會告訴我們要怎麼做，才能讓人採取行動，結果可能是不斷地面對失敗。上司不願協助、部屬的行動與指令相悖、同事一直唱反調……，要擺脫這些惱人的情況，就必須學會「讓人採取行動」的技巧。

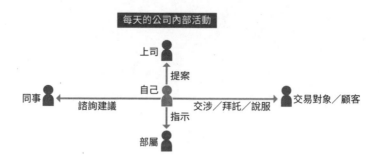

原則 008 製作「讓人自動自發」的簡報

所謂「讓人採取行動」的資料,就是讓讀的人在觀看的瞬間明白內容,進而採取行動。這世上充斥著看也看不懂的資料,如果每天的工作都與「讓人採取行動」有關,那麼「無法讓人採取行動」的資料就是「無用的」資料。

「讓人採取行動」不是勉強他人配合,人都有越被強迫、越不願意配合的天性。了解對方的心理、激勵對方,或是知道對方不想做的事,然後提出具體的行動方案,讓對方「願意採取行動」,才是我們想達到的目標。

例如,我在諮詢專案向請求協助的企業提出改革方案時,通常會推測對方的專案負責人會負責這個專案多久。如果再兩年就有可能調職,那麼這位負責人對於要三年才能看得見成果的專案可能不會太積極。

要製作讓人採取行動的簡報,必須先深度了解對象的背景。

利用「能獨立閱讀的資料」打造自己的分身

要將工作效能提至最高，就必須製作「能獨立閱讀」的報告。所謂「能獨立閱讀」，指的是不需要說明，觀看者能輕鬆翻閱與理解的內容。

能獨立閱讀的資料，具有「能代替你說話」以及「吸引更多人贊同」兩大優點。

向大企業提出商品企劃時，只獲得第一線負責人的贊同是並無法讓企劃順利通過，因為該負責人必須對公司內部的人說明商品，藉此取得握有決策權的人同意。只可惜負責人通常對商品不熟悉，此時若能為負責人製作詳盡的說明資料，這份報告就能代替你說明商品的魅力。

以大型專案而言，專案成員必須對專案具有共識，若只以口頭表述，實在難以達成完全的共識，此時若能製作「可獨立閱讀的資料」，就能讓更多人達成共識。

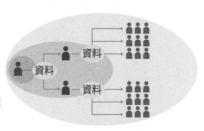

代替自己發聲・資料成為你的代言人

讓更多人贊同・簡報只能讓少數的人認同，但資料卻能讓更多人認同提案。

原則

010

製作「能獨立閱讀的資料」的 5大重點

要製作「能獨立閱讀的資料」，我認為下列5點非常重要。

① 訊息明確
② 一看就懂
③ 有憑有據
④ 資訊井然有序
⑤ 明確界定需要讀者採取的行為

第一點是傳遞的訊息需精準，不能有半點曖昧。即便資料很多，也要將「訊息必須簡單明確」這點放在心裡。在製作簡報之前，先決定要傳遞的訊息。

接著是看了資料就知道想要傳遞的資訊，換言之，就是在還沒閱讀資料時，就一眼看出你想要傳遞的資訊。減少文字量，透過圖解或圖表強調重要的內容，就能實現這個目標。

有憑有據這點也非常重要。沒有立論基礎的訊息無法說服他人，當然也無法讓別人採取行動，所以得將用於佐證的資料整理得有條不紊。

最後，則是明白提出希望讀者採取的行動。一句「希望您能幫忙」，對方不會知道要幫什麼忙，但如果能寫成「希望您能在業務會議提出這項議題」，對方便知道該採取什麼行動。

讓作業「更有效率」,「迅速」完成資料

想必大家已經了解製作「讓人採取行動」與「能獨立閱讀」的資料有多麼重要了,不過,另一個關鍵的重點則是「盡可能早點完成資料」。

不知道大家聽到外資顧問,會有什麼印象?是「瞬間看穿經營的問題」、「很聰明,能接二連三提出想法」、「擁有豐富的企管知識」這些印象嗎?學生時代的我也有類似的印象,可當我以應屆畢業生的身份進入外資顧問這一行之後,最令我吃驚的是工作速度。若以實際作業比喻,大概就是5、6個小時做出20張PowerPoint投影片,或是3個小時之內做出簡單的事業計劃Excel試算表。

若問為何能如此快速地完成工作,其中一點就是工作流程及方式非常合理,另一點就是徹底合理化操作方式。要採用合理的工作方式,必須在一開始釐清工作結果,也就是使用「目標導向」工作術,另一點則是採用先建立假說,再進行工作的「假說思考」工作術,讓工作早一步完成。

| 讓工作方式變得合理 | ・目標導向
・假說思考
・規劃技巧
⋮ |
| 徹底合理化操作方式 | ・使用快捷鍵
・採用最理想的工具
⋮ |

製作簡報的速度

反觀操作的速度，則代表自訂PowerPoint這類軟體的操作環境，善用快捷鍵，重複使用常用的投影片，總之就是徹底活用這些技巧。記得剛進公司時，公司配給我一台IBM（現稱LENOVO）的ThinkPad，這台筆記型電腦是以位於鍵盤中央的追蹤鈕來代替滑鼠，但是這個追蹤鈕是出名的難用，所以我還是改回滑鼠。

結果某位顧問前輩看到之後，就問我「為什麼要使用滑鼠？滑鼠與鍵盤的一來一回操作很浪費時間哎」，當下我聽不懂前輩在說什麼，所以這位前輩接著說「假設每次使用滑鼠與鍵盤操作得耗費10秒，一分鐘之內只能操作6次，假設每次需耗費0.5秒，一分鐘之內就會浪費3秒，一小時會浪費180秒（等於3分鐘），老弟你一天工作18小時吧？，那一天就等於浪費了54分鐘，你不想拿這些時間來睡覺嗎？」自此，我不再使用滑鼠，也學會快速操作電腦的技巧，到目前為止，我還是非常習慣使用ThinkPad。

這或許是有點極端的例子，但外資顧問就是透過這樣的思考讓工作方式變得更合理。

$$0.5 秒／次 \times 6 回／分鐘 \times 60 分／小時 \times 18 小時 \fallingdotseq 54 分鐘／每天$$

「迅速完成」資料與「提升資料的品質」

能迅速完成資料與提升資料品質兩件事息息相關。記得我第一年進公司時，顧問前輩給了我「老弟，現在的你最好先求完成工作再思考」。當時我覺得「明明是顧問性質的工作，為什麼要先做再思考」，但現在回想起來，前輩是在告訴我，讓工作方式更合理，更快完成相關的工作，才能留下足夠的思考時間，進一步提升工作品質。

不斷尋找各種資訊的各種組合，的確能提升工作品質，所以要提升工作品質，絕對要增加「思考量」。若以金字塔比喻，底層的「思考量」越多，越能築起高聳的金字塔，也越有機會提升「工作品質」。這裡所指的「工作品質」當然與「資料品質」有關。

思考量與工作（資料）品質的關係

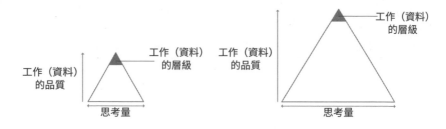

許多人以為，越是聰明的人，做為金字塔底部的「思考量」越高，但其實「思考量」可分解成思考速度×思考時間。每個人的思考速度（頭腦的靈活度）不同，有時的確跟天份有關，但實際上每個人所擁有的時間是相同的，只要願意花點心思，誰都能省出思考時間。

迅速完成作業不只是縮短作業時間，還能留出思考時間，「思考量」會因此增加，最終，「工作品質」也會因此提升。

我的學歷絕不比公司的同事優秀，腦袋也不比別人聰明，但也是因為加快了作業速度，我才能有更多思考的時間，思考量也因此增加，並有機會提升工作品質，這也是至今我還能從事顧問一職的原因。

第1章的想法總結

□ 對於在工作上必須與不同背景的人或外國人順利溝通的商務人士而言，
簡報製作是不可或缺的技巧。

▶全球化時代的勝負關鍵不在英語，而是能否利用資料溝通。

▶PowerPoint能利用圖案或圖表說明，讓對方接受更為明確的訊
息，本書要解說的是如何利用PowerPoint製作即便沒有解說者，
對方也能理解的資料。

□ 製作簡報的重點在於「迅速完成」、「讓人採取行動」、「能獨立閱
讀」的資料。

▶我們的目的是了解對方的心理，激勵對方，明白對方不想做的
事，提出具體方案，讓對方願意「採取行動」。

▶資料的重點在於「讓資料成為代言人」以及「讓更多人贊同」。

▶要製作「能獨立閱讀」的資料必須滿足「訊息明確」、「一看就
懂」、「有憑有據」、「資訊井然有序」、「明確界定需要讀者
採取的行為」這五個條件。

▶要讓工作方式與操作更合理，就要「迅速完成」資料，才能提升
資料的品質。

PowerPoint簡報製作
作業環境的大原則

大原則

重現外資顧問的 「作業環境」

之前在P.38已經提過早一步完成資料，有助提升資料品質，所以要「早一步完成資料」，必須先從整頓操作環境開始。先整頓操作環境，之後就能流暢地完成簡報製作的每個流程。

操作環境的設定大致分成兩個部分，第一項是PowerPoint的設定。具體來說，就是設定PowerPoint的快速存取工具列，另一項則是PowerPoint使用者自己的功課，也就是學會PowerPoint的快捷鍵。

聽到快速存取工具列或快捷鍵，可能有些人會覺得「很繁瑣又很麻煩」，**但是利用PowerPoint製作簡報時，少不了以滑鼠點選大量的命令，若能有效率地完成每次的選取，將可節省大量的時間。**此外，就結果而言，先把一些修正投影片細節的命令放在順手的位置，也有助於提升資料的品質。

013 利用快速存取工具列「加速作業」

▢ 設定快速存取工具列

PowerPoint內建了許多命令，可是通常得用滑鼠點選好幾次，才能點到所需的功能，有的命令甚至得點到4次才能執行，這也是PowerPoint不斷升級、功能不斷強化、命令數量不斷增加、採用功能區分類功能後才出現的現象。

讓我們利用快速存取工具列減少利用滑鼠點選的次數吧！快速存取工具列，是位於投影片編輯畫面快速選取命令的工具列，這個工具列可讓我們神速地完成PowerPoint的操作。

接下來，讓我們一起了解工具列的設定方法。工具列的預設位置是在畫面的最上方。

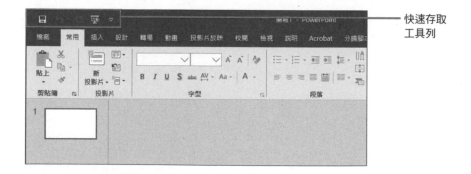

快速存取工具列

這個位置離投影片太遠，要以滑鼠選取得移動不少距離，所以讓我們先把工具列移動到功能區下方接近投影片的位置。

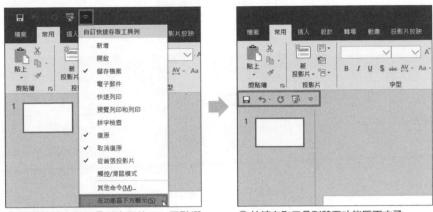

① 點選快速存取工具列右側的▼，再點選「在功能區下方顯示」。

② 快速存取工具列移至功能區下方了。

接著要收合功能區，放大投影片的編輯畫面。之後會將要用的命令放進快速存取工具列，所以把功能區收合起來，無法直接點選各分頁的命令，也不會產生什麼問題。

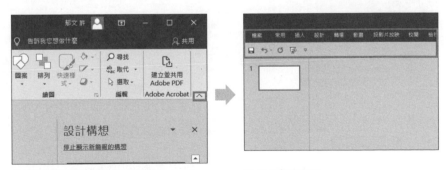

① 點選功能區右下角的︿按鈕

② 功能區關閉了

⬜ 在快速存取工具列新增命令

接著，來新增必要的命令。新增的方法有兩種，一種是在命令上按下滑鼠右鍵進行新增。

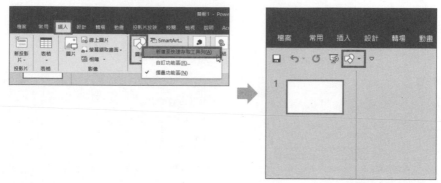

① 在「插入」分頁的「圖案」按下滑鼠右鍵，點選「新增至快速存取工具列」。

② 快速存取工具列會新增「圖案」命令。

另一種方法是從使用者設定畫面選擇命令。

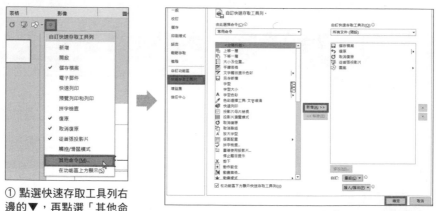

① 點選快速存取工具列右邊的▼，再點選「其他命令」。

② 從「由此選擇命令」點選要新增的命令，再點選「新增」，最後按下「確定」即可。

□ 匯入快速存取工具列的設定

最後，要介紹的是匯入快速存取工具列現有設定的方法（PowerPoint 2010之後的版本才有這項功能，舊版必須逐次新增需要的命令）。**為了方便本書的讀者，筆者提供了可匯入的設定檔**，請大家參考P.504的說明下載設定檔，儲存在桌面之後，再依照下列的操作匯入，就能在快速存取工具列新增所有需要的命令。

① 點選快速存取工具列右側的▼，再點選「其他命令」。

② 點選「匯入／匯出」→「匯入自訂檔案」。

③ 點選要匯入的檔案，再點選「開啟」。

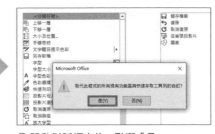

④ 開啟對話框之後，點選「是」。

⑤ 快速存取工具列將匯入所有需要的命令。

快速存取工具列要將「常用功能」配置在右側

■ 推薦的快速存取工具列設定

建議快速存取工具列的命令從左至右，依照層級細分的命令配置，換言之，使用頻率越低的，配置在越左邊，使用頻率越高的，配置在越右邊，因為配置在右邊的命令會離投影片編輯品域更近。以下為大家介紹我的配置方式。

❶

❷

❸

❶檢視／追加
- 標準檢視
- 大綱模式
- 投影片瀏覽模式
- 投影片母片檢視
- 電子郵件
- 繪製水平文字方塊
- 圖案
- 新增表格
- 新增圖表
- 插入SmartArt圖形

❷文字、圖案格式
- 字型
- 字型大小
- A 字型色彩
- 項目符號
- 編號
- 行距
- 對齊文字
- 設定圖形格式
- 圖案填滿
- 色彩選擇工具‧填滿
- 圖案外框
- 外框粗細
- 箭號

❸位置／表格、圖表格式
- 移到最上層
- 移到最下層
- 靠左對齊物件
- 靠上對齊物件
- 水平均分
- 垂直均分
- 置中對齊物件
- 置中對齊物件
- 畫筆色彩
- 所有框線
- 儲存格邊界
- 手繪表格
- 表格清除
- 平均分配欄寬
- 平均分配列高
- 新增圖表項目
- 編輯資料

①檢視 設定畫面檢視方式的命令。

標準檢視	標準的投影片編輯畫面
大綱模式	將Word或Excel的內容貼入大綱，完成簡報的編排
投影片瀏覽模式	可顯示多張投影片，確認投影片全貌的畫面
投影片母片檢視	設定簡報外觀與版面的畫面
電子郵件	以電子郵件附加檔案的方式寄送正在製作的檔案（只能以Outlook寄送）

①追加 加入組成投影片的4大元素（文字方塊、圖案、表格、圖表）的命令。

繪製水平文字方塊	可插入文字方塊
圖案	可插入圖案
新增表格	可插入表格
新增圖表	可插入圖表
插入SmartArt圖形	可插入SmarArt圖形（預設的圖形）

②文字的格式 設定文字方塊格式的命令。

字型	設定文字的字型
字型大小	設定文字的大小
字型色彩	設定文字的顏色
項目符號	將文字方塊設定為條列式格式
編號	將文字方塊設定為具有編號的條列式格式
行距	設定文字方塊的行距
對齊文字	選擇文字方塊或圖形內的文字位置。共有上、中央、下這幾個選項可以選擇。

②圖案格式 設定圖案格式的命令。

設定圖形格式	設定圖形的外觀
圖案填滿	設定圖形的顏色
色彩選擇工具・填滿	利用滴管從其他圖形或圖案吸取顏色再填滿
圖案外框	設定圖案的外框顏色
外框粗細	設定外框的粗細
箭號	設定箭號的格式

2
作業環境

③位置 調整圖案或文字方塊相對位置的命令

移到最上層	將選取的圖案或文字方塊配置到所有物件的上層
移到最下層	將選取的圖案或文字方塊配置到所有物件的下層
靠左對齊物件	讓多個圖案或文字方塊的左端對齊
靠上對齊物件	讓多個圖案或文字方塊的上緣對齊
水平均分	讓多個圖案或文字方塊水平均分
垂直均分	讓多個圖案或文字方塊垂直均分
置中對齊物件	讓多個圖案或文字方塊水平置中對齊
置中對齊物件	讓多個圖案或文字方塊垂直置中對齊

③表格的格式 設定表格格式的命令

畫筆色彩	變更外框的顏色
所有框線	在表格追加框線
儲存格邊界	設定表格儲存格的邊界
手繪表格	在表格的儲存格追加框線
表格清除	刪除表格的框線
平均分配欄寬	讓多個欄位的寬度一致
平均分配列高	讓多個列的高度一致

③圖表的格式 設定圖表格式的命令

新增圖表項目	在圖表新增元素
編輯資料	編輯圖表的資料

▣ 利用快捷的命令迅速完成作業

快速存取工具列的命令包含了下列幾種，若能善加運用，不僅能早一步完成資料，更有機會提升資料的品質。

・**電子郵件：**儲存正在製作的PowerPoint檔案，並且開啟電子郵件編輯畫面，新增以該檔案為附件的信件。檔案名稱將會成為該信件的主題（只有在電子郵件程式為Outlook，才具備這項功能）。

・**色彩選擇工具・填滿：**指定畫面的顏色，再以該顏色填滿圖案的功能。特別適合用來吸取企業標誌的顏色。

・**移至最上／下層：**在投影片選取圖案之後，設定該圖案與其他圖案的相對位置。非常適合用來設定圖案間的重疊順序。

・**對齊功能：**可對齊多個圖形的位置，例如靠左或靠上對齊，可同時對齊多個圖形的左側或上緣。若使用水平均分功能，則可讓左端與右端的圖形保持原本的位置，並讓位於其間的圖案以等間距配置。

・**分均分配欄寬／列高：**這是想讓儲存的寬度均分所使用的命令。不一定每次都得選取所有的欄或列，可只需要選取要均分寬度的欄或列。

015 用「4個方法」就能記住27個快捷鍵

■ 記住27個快捷鍵的秘訣

除了事先設定好快速存取工具列中的功能外，記住27個快捷鍵也能大幅提升作業速度。我想，應該有不少讀者曾努力嘗試想記住所有的快捷鍵，卻屢屢受挫吧！原因其實出在不知道背誦的秘訣。要記住快捷鍵，只需 4 個方法。我會在講座中介紹這些方法，聽完之後，有八成的學員能記住20個以上的快捷鍵，成效不錯。

① **首字**　　　根據快捷鍵的首字背誦
　　　　　　　（拷貝→Copy→Ctrl＋C）

② **位置**　　　利用快捷鍵在鍵盤上的相對位置背誦
　　　　　　　（貼上→拷貝C旁邊的V）

③ **聯想式背誦**　相關的快捷鍵可一起背誦
　　　　　　　（Ctrl＋Shift＋C（複製格式））

④ **硬背**　　　無法歸類的快捷鍵就硬背
　　　　　　　（H：取代（痴漢）等於H（色情））
　　　　　　　譯註：這是日文諧音的背法

		意義	背誦方法
基本			
1	Ctrl + C	拷貝	①Copy
2	Ctrl + X	剪下	④剪刀
3	Ctrl + V	貼上	②拷貝（C）的旁邊
4	Ctrl + D	複製與貼上	①Duplicate
5	Ctrl + Z	復原上一個動作	④Z是最後一個英文字母，所以回到A
6	Ctrl + Y	取消Ctrl＋Z復原上一個動作，或是重複上一個操作	④Z的前一個英文字母是Y，所以往前一個步驟
7	Ctrl + Shift + C	複製格式	③複製+Shift
8	Ctrl + Shift + V	選擇性貼上	③再貼上+Shift
9	Ctrl + A	全選	①All
檔案操作			
10	Ctrl + O	開啟舊檔	①Open
11	Ctrl + N	新增檔案	①New
12	Ctrl + M	插入新的投影片	②Ctrl + N是新增檔案，所以新增投影片是旁邊的M
13	Ctrl + P	列印	①Print
14	Ctrl + S	「儲存」檔案	①Save
15	Ctrl + W	關閉檔案	②因為Ctrl + S是儲存，所以關閉檔案是上面的W
搜尋			
16	Ctrl + F	搜尋	①Find
17	Ctrl + H	取代	②以痴漢=H的方式背
文字			
18	Ctrl + E	「置中對齊」的設定	①cEnter
19	Ctrl + L	「靠左對齊」的設定	①Left
20	Ctrl + R	「靠右對齊」的設定	①Right
21	Ctrl + [	縮小字型	④以<（小於）硬背
22	Ctrl +]	放大字型	④以>（大於）硬背
23	Ctrl + B	套用與解除粗體字樣式	①Bold
24	Ctrl + I	套用與解除斜體字樣式	①Italic
25	Ctrl + U	套用與解除底線樣式	①Underline
圖案			
26	Ctrl + G	組成群組	① Grouping
27	Ctrl + Shift + G	解散群組	③組成群組+Shift

2

作業環境

016 利用 Ctrl 、 Shift 、 Alt 進一步加速作業

■ 特別方便的快捷鍵

下列整理了一些特別方便好用的快捷鍵，提供大家參考。

- **複製／貼上格式**（Ctrl + Shift + C／V）：也就是「刷子」的功能。可複製圖案的填色、外框顏色、外框粗細、字型大小與字型這些設定。

- **組成群組／解散群組**（Ctrl + G／Ctrl + + Shift + G）：可讓多個圖案／文字方塊組成群組的功能。通常會先以滑鼠點選多個圖案／文字方塊，再按下滑鼠右鍵選取這項功能，但也可利用快捷鍵執行這項功能。很常在縮放多個圖案或一次選取多個文字方塊位移的時候使用。

- **縮放字型大小**（Ctrl +]／[）：選取多個文字方塊或圖案，再執行這項快捷鍵，可一口氣縮放字型大小。這項快捷鍵的重點在於，就算所有文字的大小不一致，也能按等比例縮放文字。

- **靠左／置中／靠右對齊文字**（Ctrl + L／E／R）：決定文字在文字方塊或圖案之中的對齊方式。靠左對齊的快捷鍵是Left的L，靠右對齊的快捷鍵是Right的R，只有置中對齊的Center（cEnter）是E，因為C已經被拷貝的快捷鍵佔用了。這些快捷鍵也能在Word使用，所以很方便嚕！

□ 靈活運用 Ctrl 、 Shift 、 Alt 鍵

若能靈活運用平常少用的 Ctrl 、 Shift 、 Alt 鍵，操作速度將更為驚人。

	鍵盤操作	說明
圖案	Ctrl + 方向鍵	可精細地移動圖案
	Alt + → 或 ←	可旋轉圖案
	Alt + 滑鼠選取與拖曳	可精細地移動圖案
	Ctrl + 滑鼠選取與拖曳	可複製圖案
	Shift + 滑鼠選取與拖曳	可水平移動圖案
	Ctrl + Shift + 滑鼠選取與拖曳	可水平移動與複製圖案
外框	Shift + 滑鼠拖曳	可繪製直線
圖表	Ctrl + 滑鼠左鍵	可利用方向鍵精細地移動圖表

上述最方便的絕招就屬「 Ctrl + Shift + 滑鼠點選與拖曳」。若希望平行配置多個圖案，可利用這個方法複製圖案，再將圖案快速複製到水平位置。

若想微調圖案的位置，可先點選圖案，再利用「 Ctrl + **箭頭**」微調位置。

圖表最好用的快捷鍵就是**先以「 Ctrl + 滑鼠左鍵」點選圖表，接著利用「 Ctrl + 方向鍵」微調圖表的位置**。要注意的是，若只以滑鼠左鍵選取圖表，只會切換成圖表編輯模式，並無法調整圖表的位置。

2
作業環境

第2章 操作環境總結

□ 要早一步完成資料，就要先整頓完備的操作環境，此時的重點在於事先設定快速存取工具列與活用快捷鍵。

□ 要減少滑鼠左鍵的點選次數，可先設定快速存取工具列，加速作業的進行。快速存取工具列的命令可由左至右，依照使用頻率較低的命令排至使用頻率較高的命令。

□ 快捷鍵可透過四個方法背誦。
□ ① 首字：根據快捷鍵的首字背誦（拷貝→Copy→[Ctrl] + [C]）
□ ② 位置：利用快捷鍵在鍵盤上的相對位置背誦（貼上→拷貝C旁邊的[V]）
□ ③ 聯想式背誦：相關的快捷鍵可一起背誦（[Ctrl] + [Shift] + [C]（複製格式））
□ ④ 硬背：無法歸類的快捷鍵就硬背（取代→痴漢）是H（色情）→[Ctrl] + [H]

□ 特別方便的快捷鍵有「複製格式／貼上（[Ctrl] + [Shift] + [C]／[Ctrl] + [Shift] + [V]）」、「組成群組／解散群組（[Ctrl] + [G]／[Ctrl] + [Shift] + [G]）」、「縮放字型大小（[Ctrl] + []]／[Ctrl] + [[]）以及其他的快捷鍵。

□ 靈活運用[Ctrl]、[Shift]、[Alt]鍵可進一步提升操作速度。例如，可更精細地移動圖案（[Ctrl] + 方向鍵）或是可複製圖案（[Ctrl] + 滑鼠點選與移動圖案）。

PowerPoint簡報製作

目的設定的大原則

第3章 PowerPoint簡報製作

將操作環境整頓成方便製作簡報的模式之後，就早點開始製作簡報吧！但可不是現在就打開PowerPoint製作投影片，因為這跟沒有畫好設計圖就開始蓋房子一樣可怕。製作簡報的第一步是要先具體設定「這份資料的目的」，並規劃資料的整體架構。**「資料的目的」是否明確，將影響資料80%的完成度。**

製作簡報時，何為「釐清資料的目的」呢？

答案就是，你希望對「誰」傳遞「什麼」訊息，再讓對方採取什麼「行動」呢？為此，什麼才是你「必須傳遞的內容」呢？

工作與私人溝通有著明顯的差異，而這個差異在於是否希望對方能採取行動。私人的溝通可以只是一些個人感想或是沒有特定主題的內容，**因為溝通本身就是溝通的目的。**

反觀工作上的溝通是以敦請對方採取行動為最優先目的。由於簡報製作是工作的溝通技巧之一，所以目的非得明確不可。最常見的現象是將手段之一的簡報當成目的，所以請務必將簡報當成讓對方採取行動的手段。

釐清「希望對方採取的行動」與「達成這個目的而需要傳遞的內容」之後再開始製作簡報，就能流暢地完成資料。製作簡報的時候，最忌諱陷入是否中途該增減資料的迷宮，這會讓整個流程陷入停滯，也會浪費許多時間。如果能一開始就釐清「資料的目的」，就能在迷惘時，立刻檢視原本的目的，在相對短的時間之內回到正軌。

或許有人會覺得「不知道希望對方採取什麼行動，反正先打開PowerPoint製作簡報就對了」，其實我也很常在還沒設定目的前就打開PowerPoint，但是當我發現自己這麼做的時候，會立刻關掉PowerPoint。

因為就之前的經驗來看，哪怕是在一開始的短短10分鐘想想資料的目的，都有助於提升資料的品質與製作效率，後續的製作流程也會大不相同。為此，我另外準備了設定目的專用的Excel檔案，詳情請參考P.504。

大原則

透過「4大步驟」
設定簡報的目的

製作簡報從釐清「簡報目的」開始，本書則透過下列4大步驟釐清「簡報目的」。

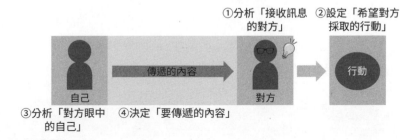

① **分析「接收訊息的對方」**：找出能做最終決定的人，分析對方想做與不想做的事，了解對方對專案的認知與興趣。

② **設定「希望對方採取的行動」**：盡可能具體設定希望對方採取的行動，若發現對方對於設定的行動反感，再設定其他選項。

③ **分析「對方眼中的自己」**：思考對方如何看待你，尤其需要了解對方覺得你有哪些知識、經驗、信任度與性格。

④ **決定「要傳遞的內容」**：在150個字之內整理出想告訴對方的訊息，訊息必須包含課題→解決方案→效果→行動等元素。接著，就為大家具體介紹這四個步驟。

STEP① 分析「接收訊息的對方」

■ 找出接收訊息的對方

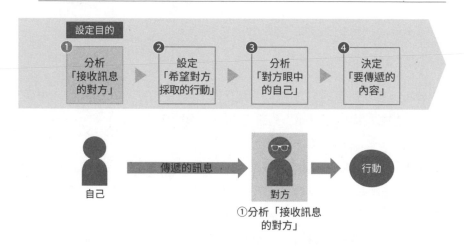

設定資料目的的第一步，就是先將接收訊息的對方「縮減至一人」。如果接收訊息的對方本來就只有一人，那就沒什麼問題，但如果是同時向多人說明的會議形式，就很可能在製作簡報的時候，因為在意所有與會人員的想法，而做出目的不明確的資料。**建議大家針對握有決策權的人製作簡報，而不是為了一堆人製作簡報。**

假設握有決策權的人物（influencer）出席，要將焦點鎖定在這位人物身上。此時的重點在於找出「能影響決策的人」。

□ 從三個觀點分析接收訊息的對象

鎖定目標人物之後，接著要從①**激勵**、②**阻礙**、③**知識、興趣、性格、立場**這三個觀點分析對方。

①的激勵是指「激發對方鬥志的元素」，例如升官、加薪、職場人際關係和睦，透過此步驟的分析，可掌握激發對方鬥志的關鍵。

②的「阻礙」是指「讓對方喪失鬥志的元素」，舉例來說，增加新的業務，被迫改變原本的工作方式，可能面臨的風險。透過這個階段的分析可為對方排除喪失鬥志的因素。

③的「知識與興趣」是指對方「了解與感興趣的元素」，例如對方具有統計相關的知識，或是對積極的企劃感興趣。透過這個步驟的分析，可掌握該在簡報中放入哪些相關資訊，而「性格與立場」則會影響對方看待資料的方法，假設對方是個急性子，將簡報做得簡短些可能比較有利。**透過這三個步驟可了解對方過去的經驗與未來的目標，這些部分都會影響對方的鬥志是否高昂。**

經過上述三種觀點的分析，就比較容易決定簡報的方向性，也就是資料的內容、份量、流程與訊息的層級。

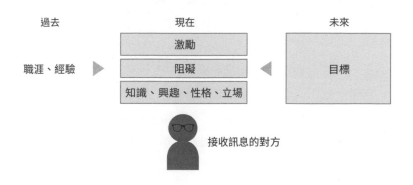

063

▼健身房實例 分析「接收訊息的對方」

在P.8的健身房宣傳企劃範例之中，「我」必須爭取業務部長的首肯，所以「接收訊息的對方」可減縮至「業務部長」一人，接著就是分析業務部長。第一點要分析的是業務部長「感興趣」的部分，聽說業務部長希望自己能成為下任社長，所以：

·能搏得社長的青睞

應該能激發業務部長的鬥志，因此，我決定在簡報中強調這次的提案將成為業務部長任內的實際成績。

接著，要分析的是「阻礙」。這位業務部長過去曾嘗試前所未有的宣傳手法，卻慘遭滑鐵盧，更被社長罵得狗血淋頭，所以有可能會失敗。

·史無前例的事

有可能會是這位業務部長裹足不前的阻礙，所以要在資料提出解決方案時，盡可能地提出低風險的方案，例如先試著宣傳，再決定是否正式採用這種史無前例的宣傳手法。

最後，要分析的是「知識、興趣、性格、立場」。這位業務部長來自會計部門，對數字很敏感，也往往要求結論必須以具體的數字佐證。但他對宣傳則很陌生，常將廣告內容交給部屬，所以就「知識、興趣、性格、立場」的觀點分析，可得到下列的結論：

· **對數字感興趣**

· **對宣傳陌生**

所以製作簡報時,要以詳盡的數字佐證解決方案的效果,而宣傳內容則只需要提出大致的方針。

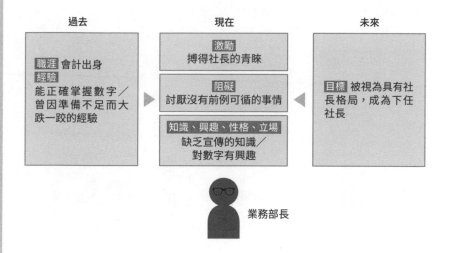

根據上述分析,「我」認為針對業務部長製作的簡報,須具備下列幾點方向。

· **宣傳內容**:只傳遞大致的方針

· **宣傳手法**:沒有前例的手法,所以要分段採用,避免失敗

· **宣傳效果**:以數字具體佐證

　　　　　　　強調這次的宣傳可成為登上社長寶座的墊腳石

經過上述步驟的分析之後,簡報的方向性就確定了,接著便是一步步設定希望對方採取的行動。

3

目的設定

原則 018

STEP②
設定「希望對方採取的行動」

☐ 具體設定希望對方採取的行動

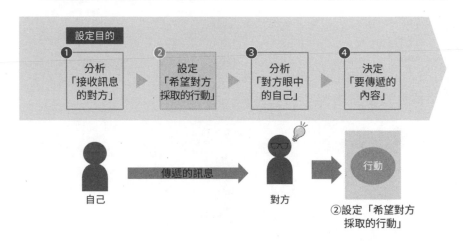

第二步是設定在資料說明之後，希望「對方採取的行動」。我常看到沒有設定「希望對方採取行動」的資料，一旦沒有明確設定希望對方採取的行動，對方有可能不會立刻採取行動。**於是在此要具體設定，讓對方能不假思索地採取你預期的行動。**具體設定希望對方採取的行動，也能避免對方採取不如預期的行動。下列為大家舉出對方如預期採取行動以及相反的例子，應該能一眼就看出，哪個例子裡的對象比較容易採取我們預期的行動。

· 反面範例：「希望您積極考慮」、「希望您能多多關照」
· 正面範例：「希望在下次經營會議之前，能得到您的認可」

□ 設定預期行動的3大重點

設定希望對方採取的行動時,建議先掌握下列3大重點。

① 提出「可立刻採取的行動」

第一個重點是,提出看完簡報之後,「能立刻採取的行動」。剛看完資料,是最容易採取行動的時機,若能在此時提出可立即行動方案,對方很可能會立刻採取行動。**要設定能立刻採取的行動,最簡單的做法就是將達成目標之前的行動分解成不同的步驟。**下圖是達成業務目標的行動分解示意圖。最終目標是希望對方購買商品,而先讓對方試用樣品的門檻較低,也比較容易達成。

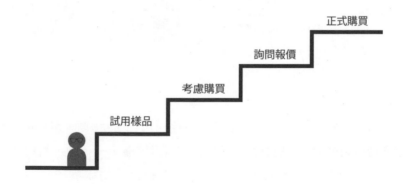

正式購買

詢問報價

考慮購買

試用樣品

② 考慮「3W1H」

要讓行動更為具體的話,我推薦3W1H這個方法,也就是釐清是**誰(Who)、何時(When)、如何做(How)、做什麼(What)**這幾個項目。舉例來說,就是下列的情況。

· 請社長（Who）

· 在5月20日之前（When）

· 透過電子郵件（How）

· 宣佈業務方針變更（What）

先掌握這4點，對方就能不假思索地採取具體的行動。

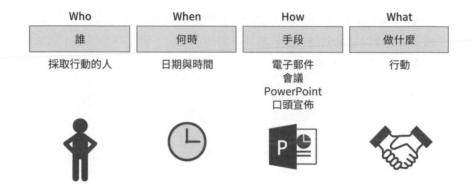

Who	When	How	What
誰	何時	手段	做什麼
採取行動的人	日期與時間	電子郵件 會議 PowerPoint 口頭宣佈	行動

③ **提供多個選項**

　　某些人在面對單一選項時，會有「強迫中獎」的感覺，**所以提供多個具體行動的選項，能讓對方覺得「擁有選擇權」**。例如，希望部長呼籲整個部門協助新業務的時候，若只提供「請以電子郵件通知整個部門」的選項，部長可能會有被強迫的感覺，此時若同時提供「請以電子郵件通知整個部門」、「在部門會議佈達」兩種選項，並以諮詢部長的口吻建議，就不會讓部長覺得自己是被牽著走。只是此時該提供的都是希望對方如我們預期行動的選項，不希望對方做的選擇就別提出。

▼ 健身房實例 設定「預期行動」

我希望透過企劃書「讓部長答應實施免費健身教練課程的體驗活動」，為了順利取得部長的同意，我將「預期行動」設定為部長答應實驗性體驗活動，而不是答應正式實施體驗活動。接著，我會釐清Who、When、How、What這4點，具體設定希望部長採取的行動。

・**Who**：請業務部長
・**When**：在8月24日（五）下午三點之前
・**How**：透過電子郵件
・**What**：答應實施實驗性的課程體驗活動

最終我設定的「預期行動」就是「讓部長答應在8月24日（五）下午三點之前，透過電子郵件答應實施實驗性的課程體驗活動」。

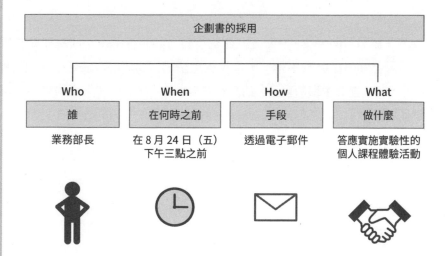

STEP③
分析「對方眼中的自己」

■ 了解對方眼中的自己有何強項與弱項

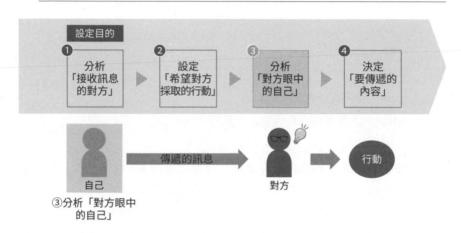

設定目的

① 分析「接收訊息的對方」 ▶ ② 設定「希望對方採取的行動」 ▶ ③ 分析「對方眼中的自己」 ▶ ④ 決定「要傳遞的內容」

自己　　傳遞的訊息 ➡　對方　➡　行動

③分析「對方眼中的自己」

接著，要思考的是第3步驟，也就是「對方如何看待你」。孫子兵法有云「知己知彼，百戰不殆」，這句話也是製作簡報的心法之一。**這裡指的「自己」並非主觀的自己，而是對方眼中的「你」**。如果對方覺得你經常犯錯，就必須在企劃書寫進縝密的計畫，進一步強調預防犯錯的措施。

除了弱項之外，你的強項也會左右對方閱讀資料的方法。如果對方覺得你是個智多星，肯定會希望其中充滿了創意。若能了解對方如何看待你，就能製作補強弱項、活用強項的資料。

□ 檢視自己與對方的關聯性

要知道對方如何看待你的弱項與強項，不妨先檢視彼此在工作上的關聯性。尤其可先寫出下列3點。

· （從對方的角度來看）你的知識、經驗
· （從對方的角度來看）立場、信任度
· （從對方的角度來看）你的個性

實例如下。

· （**從對方的角度來看**）**你的知識、經驗**：長期待在開發部門，所以具備技術相關的知識。
· （**從對方的角度來看**）**立場、信任度**：知道是技術職出身，所以不太相信你的企劃能力。
· （**從對方的角度來看**）**你的個性**：不以邏輯把事情想通，勢不罷休的死腦筋。

許多人都對別人眼中的自己有著先入為主的想法，往往過於主觀，例如沒自信的人，便覺得自己「沒有值得信賴的部分」，所以不要緊抓著個人想法不放，**盡可能多聽聽身邊親友的客觀意見**，才能正確地認識自己。

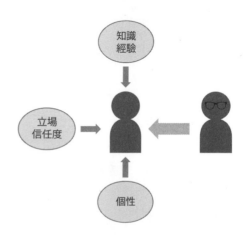

▼健身房實例 分析「對方眼中的自己」

我希望透過分析「對方眼中的自己」決定企劃書的方向。從對方對於「我」的知識、經驗、信任度、個性的評價,掌握「我」在對方眼中的強項與弱項。

就強項而言,我在業務部長眼中是個智多星,所以應該強調獨到的創意,而且業務部長知道「我」做的事絕對積極投入,是不到最後絕不放手的人,所以一直很信任我,執行計畫便不用寫得太詳盡。就弱項而言,業務部長認為我是個不擅長梳理數字的人,所以製作簡報時,一定要特別利用數字來佐證。

強項
經驗 曾提過不錯的創意
個性 能投入想做的事
信任度 一旦開始,就一定做到最後

弱項
經驗 不擅長量化效果

我　　　　　業務部長

從P.64執行的「分析對方眼中的我」可以決定:

· **宣傳內容**:只傳遞大致的方針
· **宣傳手法**:沒有前例的手法,所以要分段採用,避免失敗
· **宣傳效果**:以數字具體佐證
　　　　　　　強調這次的宣傳可成為登上社長寶座的墊腳石

這類有關資料的方向性。

接著，從「別人眼中的自己」的分析可發現

· 積極提出創意
· 以數字支撐創意
· 執行計畫止於輪廓的內容

這些結果，再根據這些結果製作簡報即可。

諮詢現場

我們在不同的人眼中是不同的人，舉例來說，在從事顧問第一年的人眼中，我們這些從事顧問工作已經10年的人，是經驗豐富的顧問，但在顧問資歷超過20年的人眼中，我們的經驗仍然不足。不熟悉諮詢業界的企劃主也會懷疑我們這些沒有實戰經驗，只懂諮詢業務的顧問，真的能了解他們的工作嗎？在別人眼中，我們同時具有正面與負面的印象，身為顧問的你，若能掌握「每個在對方眼中的自己」，就能做出更具說服力的簡報。

STEP④
決定「要傳遞的內容」

■ 在150個字之內說明要傳遞的內容

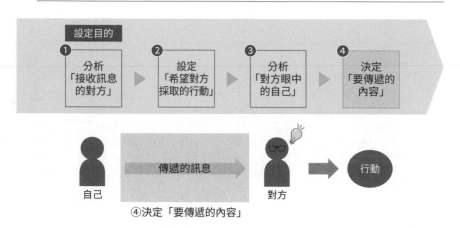

④決定「要傳遞的內容」

設定目的的最後一個步驟就是設定「要傳遞的內容」。**「要傳遞的內容」就是將透過資料提案的內容精簡在150個字之內**。顧問業界有個「電梯簡報」（Elevator Pitch）的說法，指的是大部分的客戶（也就是企業主）都很忙，顧問必須要能在搭乘電梯這樣短的時間之內，透過簡單的說明讓客戶了解提案的內容。同理可證，製作簡報時，也必須將「要傳遞的內容」做得如電梯簡報般簡潔，而且先整理出「要傳遞的內容」也能讓資料更具一致性。若是不知道該製作什麼內容，便回頭想想「一開始設定的內容」。

☐ 透過2大步驟整理要傳遞的內容

「要傳遞的內容」可透過下列2大步驟整理。

① 包含課題、解決方案、效果、行動的元素

第一步是將「課題、解決方案、效果、行動這些元素寫進「要傳遞的
內容」。細節會在第4章說明，這裡就先簡單地說明一下。

課題：阻礙目標達成的原因
解決方案：解決課題的方法
效果：實施解決方案之後的成效
行動：希望接受提案的對象採取的動作

這裡說的「行動」請參考步驟②的「設定希望對方採取的行動」。以下
列主題樂園舉辦熟客折扣活動為例，可先列出下列元素。

課題：熟客減少
解決方案：實施熟客折扣活動
效果：增加一成來客數
行動：取得活動得以執行的認可

接著將「要傳遞的內容」整理成下列的文章。

> 「本主題樂園正面臨熟客減少的課題，若能實施熟客折扣活動，應能讓來客數
> 增加一成，希望您能允許這個活動執行」。

② 進一步分析從①分析「接收訊息的對方」與③分析「對方眼中的自己」得到的線索

接著要在前2大步驟「分析接收訊息的對象」與「分析對方眼中的自己」的線索加入「要傳遞的內容」。以前面的主題樂園為例，執行「分析接收訊息的對象」這個步驟可讓對方知道有可能達成本期業績目標，進而激勵對方。因此要讓對方知道，實施活動有機會達成業績目標。接著是「分析對方眼中的自己」，得知對方認為你「不擅於辦活動，不值得信賴」，因此要徵詢業務的意見。所以可將「要傳遞的內容」修正為下列的內容。

「本主題樂園正面臨熱客減少的課題，若能實施熱客折扣活動，應能讓來客數增加一成，最終將有機會達成本期業績目標。我也徵詢了業務的意見，希望您能允許這個活動執行」。

像這樣呈現分析結果，就有可能寫出直擊對方心坎的內容。

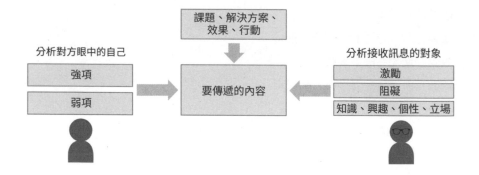

▼ 健身房實例 設定「要傳遞的內容」

要整理出「要傳遞的內容」，要先整理出課題、解決方案、效果、行動。

課題：申請體驗課程的人數變少
解決方案：實施個人教練的免費體驗課程
效果：比其他解決方案更能開發客戶
行動：取得活動實施的認可

根據上述結果，寫出下列「要傳遞的內容」。

> 「目前已知申請體驗課題的人數變少，是本健身房的會員數的原因。基於個人教練的免費體驗課程比其他解決方案來得有效，希望您能允許舉辦這項活動」。

透過步驟①的「分析接收訊息的對象」與步驟③的「分析對方眼中的自己」可如下整理「傳遞內容的方法」。

步驟①：分析接收訊息的對象
- **宣傳內容**：只傳遞大致的方針
- **宣傳手法**：沒有前例的手法，所以要分段採用，避免失敗
- **宣傳效果**：以數字具體佐證
　　　　　　強調這次的宣傳可成為登上社長寶座的墊腳石

3

目的設定

步驟③：分析對方眼中的自己

‧積極提出創意

‧以數字支撐創意

‧執行計畫止於輪廓的內容

根據上述結果整理「要傳遞的內容」之後，可得知宣傳創意為「個人教練的免費體驗課程」以及內容不需太過精細，此外要強調「這項活動有可能成為登上社長寶座的墊腳石」，強調這項活動將成為部長任內的實際成績。

在宣傳效果方面，必須以數字佐證「比其他解決方案的效果高出20%」這點。執行這項活動的方式則是「發送實驗性質的傳單」這種分段實施活動的方法。

綜合上述元素，可將「要傳遞的內容」整理成下列的內容。

> 「目前已知申請體驗課題的人數變少，是本健身房的會員數的原因。實施個人教練的免費體驗課程比其他解決方案的效果多出20%，而且新的宣傳手法能搏得社長青睞。由於是前所未有的宣傳手法，希望您能允許以實驗性質的方式實施這次的活動。」

課題、解決方案、效果、行動

課題：申請體驗課程的人數變少，導致會員數變少

解決方案：實施個人教練的免費體驗課程

效果 ：比其他解決方案更能開發客戶

行動：取得活動實施的認可

3

目的設定

分析對方眼中的自己

強項
・曾提過不錯的創意
・能投入想做的事
・一旦開始，就一定做到最後

弱項
・不擅長量化效果

要傳遞的內容

目前已知申請體驗課題的人數變少是本健身房的會員數的原因。

實施個人教練的免費體驗課程可比其他解決方案的效果高出 20%，而且新的宣傳手法能搏得社長青睞。

由於是前所未有的宣傳手法，希望您能允許以實驗性質的方式實施此次的活動。

分析接收訊息的對象

激勵
・能搏得社長的青睞

阻礙
・擔心沒有前例可循的事情

知識、興趣、性格、立場
・缺乏宣傳的知識
・對數字感興趣

透過上述步驟，決定了要以資料「傳遞的內容」。下一章要介紹的是，要根據「要傳遞的內容」決定投影片的架構以及寫出投影片的標題。

第3章 目的設定總結

□ 開始製作簡報之前,必須先釐清「資料目的」。確定希望對手「採取的行動」,能找出簡報製作的方針,也就能有效率地製作簡報。

□ 透過下列的四個步驟設定「讓人採取行動」的資料目的。

STEP1 分析「接收訊息的對方」
□ 將接收訊息的對方縮減至一人,而非一群人。針對握有決策權的人物製作簡報。
□ 盡力了解能「激勵」對方、「阻礙」對方的因性,也了解對方的「知識、興趣、個性、立場」,再決定要放進資料的資訊。

STEP2 設定「希望對方採取的行動」
□ 釐清希望對方採取的行動。
□ 此時要設定「能立刻採取的行動」。重點在於釐清誰(Who)、何時(When)、如何做(How)、做什麼(What)這幾個項目。

STEP3 分析「對方眼中的自己」
□ 思考對方是如何根據你的知識與經驗,看待你的強項與弱項。

STEP4 決定「要傳遞的內容」
□ 將「要傳遞的內容」精簡為150個字之內的內容。
□ 將課題、解決方案、效果、行動寫進「要傳遞的內容」。
□ 將分析對方與自己所得的線索,反映在「要傳遞的內容」裡。

PowerPoint簡報製作

安排故事線的大原則

第4章　安排故事線的大原則

資料的「目的」明確，要「傳遞的內容」也決定之後，接著就要製作簡報的「故事線」。製作簡報的故事線是指依照「要傳遞的內容」來決定投影片的架構、標題、訊息與類型。

以顧問公司來說，若是專案管理經驗豐富的顧問，一定會先確認好資料的故事線。我在擔任顧問的第三年時，開始有機會著手製作最終報告所需的資料草稿，當時資深顧問給我的建議是，與其使用圖解或圖表，不如多著重在資料的故事線。

如此重要的「資料故事線」可透過下列3個步驟建立。

① **決定投影片架構**
② **決定投影片標題與投影片訊息**
③ **決定投影片類型**

① 的「決定投影片架構」，就是利用多張投影片呈現要透過資料「傳遞的內容」，並且決定投影片的組合順序。

② 的「決定投影片標題、訊息」，則是決定每張投影片的標題與訊息。投影片標題就是置於投影片最上方，清楚說明投影片內容的部分，投影片訊息則於投影片標題下方配置，屬於想透過這張投影片告知對方的主張。

③ 的「決定投影片類型」，則是決定投影片的內容要以條列式、圖解還是圖表等方式呈現。

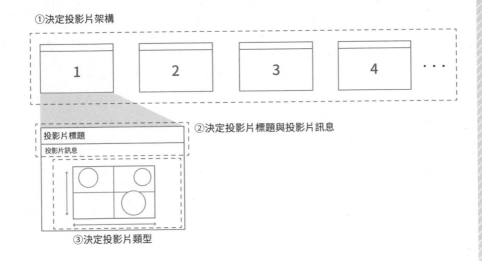

①決定投影片架構

②決定投影片標題與投影片訊息

投影片標題
投影片訊息

③決定投影片類型

請再忍耐一下，別急著打開PowerPoint，先將這些內容寫成Excel檔或文字檔。我為大家準備了建立故事線所需的Excel檔案，詳情請參考P.505。接下來，就讓我們一起建立資料的故事線吧！

大原則

STEP1
決定「投影片架構」

建立資料故事性的第一步就是決定投影片架構，這個步驟會將第3章設定的「要傳遞的內容」拆解成不同的元素，再分配至每張投影片。在此我建議各位讀者透過下列四個元素說明「要傳遞的內容」。

① **背景**
② **課題**
③ **解決方案**
④ **效果**

「背景」這個元素可說明提案至今的脈絡、現狀與提案目標，讓對方了解資料的重要性，「課題」可說明在達成目標的過程中，需要排除的阻礙以及造成阻礙的原因。「解決方案」則可說明解決前述課題的方法，「效果」則是執行解決方案之後，可得到什麼效果，又必須付出什麼成本，同時也用來說明執行解決方案的計畫。

雖然架構簡單，卻也因為夠簡單，所以能讓對方一看就懂，進而達成共識。決定這4個元素分別以幾張投影片說明，就能決定投影片的架構。接著，就讓我們一起看看決定投影片架構的方法。

決定故事線

要傳遞的內容 → ① 投影片架構 → ② 投影片標題、訊息 → ③ 投影片類型

透過「背景」元素說明資料的重要性

■ 說明製作簡報的「背景」

許多商務人士每天都被手邊的工作追著跑,所以要讓對方願意花時間觀看資料,就要先讓對方了解「自己為什麼得讀這份資料」,尤其對方的職銜越高,就越是要讓對方在短時間內能了解資料的內容,所以說明「背景」也顯得更加重要。為此,**資料裡一定要有說明「背景」的投影片,說明提案至今的現狀。**

以增加業績的企劃為例,必須在資料裡放入「業績遲遲無法提升」這類背景說明。如果不在業績遲遲無法提升這個點上達成共識,對方就無法了解這份資料的重要性,反之,越能說明業績無法提升,將造成多麼嚴重影響的「背景」,對方就越能了解這份資料的重要性。

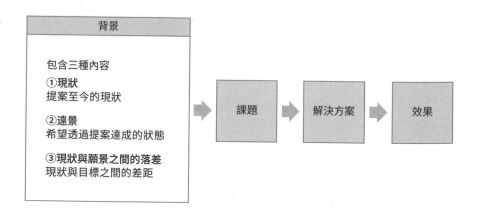

□ 「背景」說明的是現狀、願景、落差

說明資料重要性的「背景」可具備下列三項元素。

① **現狀**
② **願景**
③ **落差**

接著，為大家分別說明這3項元素。

① **現狀**

之所以需要提案，代表公司內外部的環境產生變化，需要某些對策予以應對，因此需要在「背景」這個部分告訴對方提案至今的現況。現況就是過去到現在的變化，例如「過去五年，貴公司的業績持續下滑」、「市場出現新的競爭對手，市佔率因此下滑」、「消費者購買　意願下降」都是典型的內部或外部的變化。

② **願景**

接著是說明願景。既然要提案，就一定有期待的目標。願景分成可透過數字說明的業績目標、利益目標（量化目標）以及企業文化這類無法化為數字（質化目標）的目標。

③ **現狀與願景的落差**

列出目標之後，接著就是說明現狀與願景之間的差距。透過資料提出的方案必須是能改善現狀，達成願景的內容。

再讓我們透過具體範例思考「背景」的內容吧！假設「①現狀」是「過去五年，業績持續下滑，減少至一千億元的規模」，相對的「②願景」則是「達成一千一百億元的業績」，此時「③現狀與願景遠景的落差」就是「需要增加一百億的業績」。

若將這個提案的背景整理成一段話，就會是「本公司在過去五年的業績下滑至一千億元的規模，對此，目標設定為一千一億元，所以必須思考增加一百億元業績的方法」。

無論規模是整個公司或是部門，對於「願景」常常沒有共識，**一旦如多頭馬車般設定不同的目標，就會各自解讀現狀與願景之間的落差，也就無法進行討論。因此製作簡報時，一定要在開頭說明願景，讓每個人對現況的問題有著共同的解釋。**

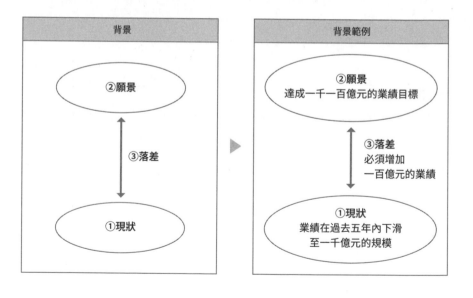

▼ 健身房實例 「背景」的整理

直到前一章，「我」為了提出健身房的宣傳企劃，分析了我的上司，也就是業務部長，也分析了部長眼中的我，設定了希望部長採取的行動，也根據整份資料決定「要傳遞的內容」。

在製作提給部長的企劃書時，我必須讓部長了解為了增加會員數，必須進行宣傳這件事，於是我利用「現狀」、「願景」、「現狀與願景的落差」這三個重點，在資料的開頭著重了提案的背景。

① **現狀**：申請入會的人數變少
② **願景**：確保與前一年相同規模的入會人數
③ **現狀與願景的落差**：入會人數不足

第一步先在「現狀」的部分，讓部長認知到現實情況是入會人數持續減少，一定得採取行動不可，接著是在「願景」的部分說明具體目標，最後再說明現狀與願景間的落差。如此一來，部長就能感受到現在非得執行某些對策不可。

顧問現場

顧問經常問同事：「現在手頭上的工作一開始是為何而做？」當工作執行到很瑣碎的階段時，顧問自己也很可能看不清為何要執行這個項目，此時「一開始是為何而做」的這個問題，可幫助同事想起此項工作的目的，讓同事找回這項業務的本質。如果覺得手頭上的工作已不知該如何繼續下去，不妨問問同事或自己「一開始是為何而做」這個問題，之後應該會產生一些新想法才對。

---

022 | 在「課題」的部分說明問題

■ 在「課題」的部分說明何為問題

在「背景」、「課題」、「解決方案」與「效果」之中,企業顧問最重視的是「課題」。或許有些人會覺得「解決方案」比較重要,但若不是「對症下藥」的「解決方案」,是無法從根本解決「課題」的。

平日聽到的「課題」,會讓人聯想成「下次討論之前的課題」,是應該執行或解決的工作,但此處的「課題」是指造成某個背景之下的目標與現狀有所落差的「問題點」,例如下列的情況。

· **業績低於目標(背景)→業務不足(課題)。**
· **海外市佔率較去年低(背景)→產品品質下滑(課題)。**

要從「背景」找出「課題」,可①深入探討落差,②設定要解決的課題(主要議題)。

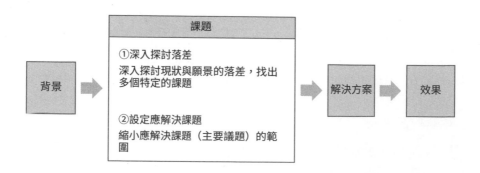

① 深入探討落差

要從「背景」找出「課題」，可從深入探討背景，也就是現況與願景之間的落差開始。找出造成現狀與願景產生落差的原因，進而引出多個課題。**重點在於不斷地詢問「Why（為什麼）？」** 例如下列的情況。

□**背景：現狀的業績低於目標→Why（為什麼？）**
→**課題①**：因為產品價格太低
→**課題②**：因為新商品太晚推出，導致銷售量不足
→**課題③**：因為其他公司推出新產品，導致銷售量不足

重複詢問「為什麼？」的重點，在於挖掘出所有可能的課題。這就是邏輯思考的MECE（彼此獨立、互無遺漏）的概念（參考P.103）。而互無遺漏這部分，比彼此獨立更為重要。

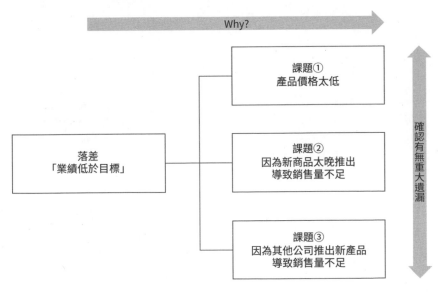

4
安排故事線

② 設定應解決課題

接著，是從多個課題之中，設定應解決的優先課題（主要議題）。**在縮減課題範圍時，「很有機會解決」而且「重要性、緊急性較高」的課題，通常會被設定為應解決課題。**說明時，可如下將課題配置在兩條座標軸圍出的區塊之中，指出很可能解決，重要性又高的「應解決課題」。

以上例而言，課題①的「產品價格太低」無法單憑公司的力量改善，所以解決的機率不高，而課題③的「因為其他公司推出新產品」也不可能當下提出方案，就能立刻解決，所以立刻可解決的且重要性與緊急性都很高的，只剩：

課題②：因為新商品太晚推出，導致銷售量不足

所以將這個課題設定為「應解決課題」。

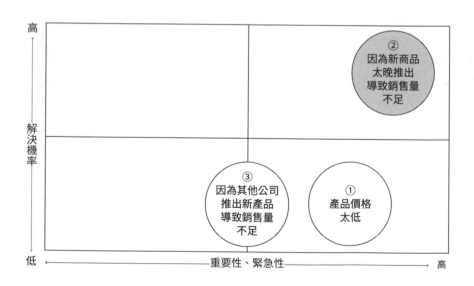

▼健身房實例 鎖定「課題」

「我」在「背景」的部分指出「入會人數與前年同月比較，減少了
5%」的事實，接著在「為什麼？」的部分整理了造成這個落差的原
因，然後將入會流程拆解成「①知道本健身房」、「②申請體驗入
會」、「③正式入會」這3個步驟，再分別從這3個步驟找出3個課
題。

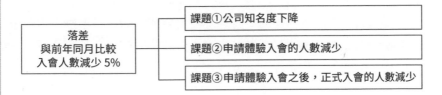

接著以「重要性、緊急性」與「解決機率」來評估這3個課題後，發
現：

課題 ②：申請體驗入會的人數減少

屬於重要性、緊急性最高，而且解決機率也高的課題，所以設定為
「應解決課題」。

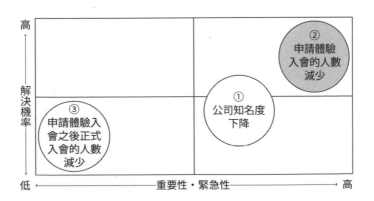

4
安排故事線

在「解決方案」的部分解決課題

■ 說明能具體解決「課題」的「解決方案」

設定「背景」與「課題」之後,接著要討論「解決方案」,也就是針對造成現狀與目標產生落差的「課題」,擬定解決的方法。以「因為新商品太晚推出,導致銷售量不足」這個「課題」為例,就是策定解決這個問題的「解決方案」。策定解決方案之際,必須考慮下列3個重點。

① 是否對症下藥?
② 是否從多個解決方案選擇?
③ 解決方案是否具體?

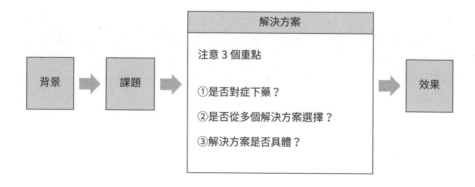

① 是否對症下藥？

解決方案必須對症下藥。以「因為新商品太晚推出，導致銷售量不足」這個課題為例，「增加業務員，增加接觸客戶的管道」不是對症下藥的解決方案，「與開發部門商量，早日推出商品」才是直搗黃龍的最佳解決方案。

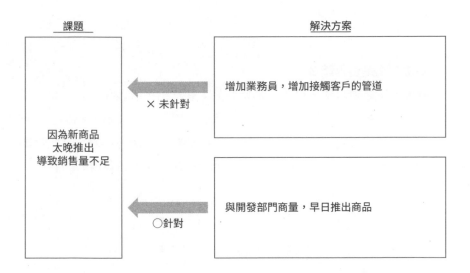

②是否從多個解決方案選擇？

提出方案之際，要同時提供多個解決方案給觀看資料的對方。若能從中選擇預期效果與解決機率較高的解決方案，對方也相對容易接受。**若只提供一個解決方案，對方有可能會懷疑為什麼非是這個方案不可，也可能會懷疑此方案真的有效嗎？**所以一定要連同佐證資料一併提出多個解決方案，再從中選擇。

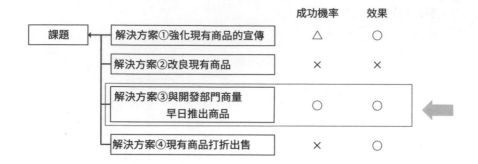

③ 解決方案是否具體？

解決方案必須具體，以「因為新商品太晚推出，導致銷售量不足」這個課題為例，若解決方案只是「讓開發部門傾全力開發新商品」，可能不知道該怎麼做才能解決問題，所以需要將解決方案設定為「增加新產品開發人員」或「尋找產品開發合作夥伴」這類具體的內容。

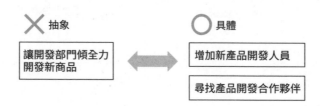

▼ 健身房實例 選定「解決方案」

「我」將提案的「課題」設定為「申請體驗入會的人數減少」，接著根據「我」的經驗，為這個「課題」整理了下列3個解決方案。

① 向附近住家發送免費健身房課程體驗傳單
② 實施個人教練的免費體驗課程
③ 只限會員朋友的免費體驗活動。

在這3個方案之中，預期效果最大，成功機率最高的是：

② 實施個人教練的免費體驗課程

所以設定為這個課題的「解決方案」。「實施個人教練的免費體驗課程」是對症下藥的解決方案，也是從3個解決方案脫穎而出的解決方案，所以具有一定程度的說服力，也相當具體。可說是兼備所有必要條件的解決方案。

解決方案	成功機率	效果
① 向附近住家發送免費健身房課程體驗傳單	○	×
② 實施個人教練的免費體驗課程	○	○
③ 只限會員朋友的免費體驗活動	○	△

4
安排故事線

在「效果」的部分說明解決方案實施之後的結果

■ 展示量化的「效果」

最後要展示的是實施「解決方案」之後,可以得到什麼「效果」。**說明性價比(CP值)是非常重要的部分,所以除了說明「①效果」,也要連帶說明「②必要資源」與「③行動計畫」。**

「①效果」最好能是量化的數據,但無法以數字呈現時,也可以選擇呈現質化的內容。以量化數據的效果而言,「增加開發人員,可讓新商品提早四個月推出,一年約可增加10億元業績」,而質化的效果說明則是「尋找新的產品開發夥伴,可外包部分的開發流程」。

「②必要資源」的部分,必須說明實施解決方案所需的人員、技巧、工具、成本,「③行動計畫」的部分必須提出具體的行動以及各行動所需的時間。

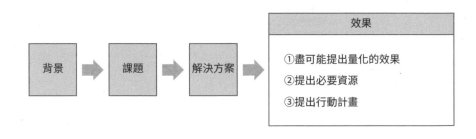

▼ 健身房實例 說明「效果」

「我」將「實施個人教練的免費體驗課程」設定為「解決方案」之後，由於部長討厭沒有前例可循的事情，所以就行動計畫而言，我決定分段執行這個解決方案，而且部長來自會計部門，因此以數據呈現這個解決方案的「效果」非常重要。

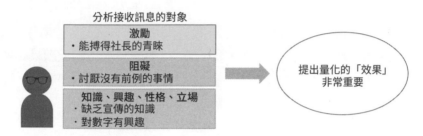

在此以Excel試算「實施個人教練的免費體驗課程」這個解決方案的效果之後，可得到：

「分段執行，可讓入會人數具有平均15人／每月的成長（入會人數增加30%）」

的結果，這就是這個解決方案的「效果」，也整理出這個解決方案所需的資源。

總結，「背景」、「課題」、「解決方案」、「效果」這4項元素的內容如下。

背景：與前年同月比較，入會人數減少5%
課題：申請體驗入會的人數減少
解決方案：實施個人教練的免費體驗課程
效果：分段執行，可讓入會人數具有平均15人／每月的成長（入會人數增加30%）

原則

025 根據背景、課題、解決方案、效果編排「投影片架構」

4個元素的關聯性

到目前為止說明的「背景」、「課題」、「解決方案」、「效果」這4個元素可整理成下列的關係圖。①「背景」說明的是「造成願景與現狀有所落差」的原因（為什麼？）這個原因也是②「應解決課題」。解決這個課題的是③「解決方案」，解決方案實施之後，可得到的結果為④「效果」。最後則是這個「效果」可對「現狀」產生何種影響。

以①背景為「業績目標與實際業績（現狀）的落差」而言，②課題就是「業績不理想是因為業務員不足」，這個課題的③解決方案則是「增加業務員數量」，「達成業績目標」則是④效果。

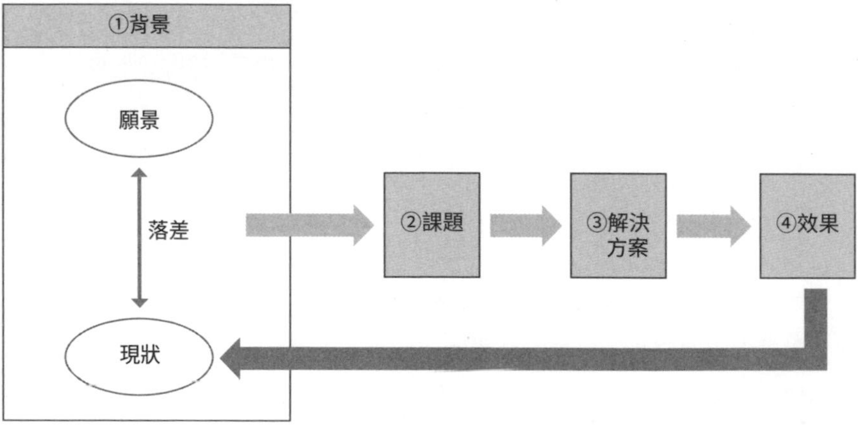

■ 焦點不同，投影片架構也不同

有時候這4個元素（背景、課題、解決方案、效果）會各以單張投影片說明，**有時候則會以多張投影片說明**。若打算以多張投影片說明，投影片架構會取決於焦點要落在哪個元素。尤其「課題」部分通常需要深入探討，以找出多個課題之後，再縮減課題範圍，所以常常需要多張投影片才能說明。此外，解決方案的部分也是先提出多個解決方案，再縮減至單一方案的流程，也常常需要以多張投影片說明。

再者，這4個元素充其量只是提案的流程之一，若需要說明很多次，有時候就會需要依照提案流程，將資料縮減為只有課題或是只有解決方案的內容。

	4 張投影片的情況	焦點為課題的情況	焦點為解決方案的情況	資料只有解決方案的情況
背景	❶背景	❶背景	❶背景	
課題	❷課題	❷課題的概要 ❸課題的細節1 ❹課題的細節2	❷課題	
解決方案	❸解決方案	❺解決方案	❸解決方案的概要 ❹解決方案的細節1 ❺解決方案的細節2	❶解決方案的概要 ❷解決方案的細節1 ❸解決方案的細節2
效果	❹效果	❻效果	❻效果	
投影片張數	4 張	6 張	6 張	3 張

4
安排故事線

▼健身房實例 安排投影片架構

接著，「我」的作業是安排投影片的架構。到目前為止，已將「背景」、「課題」、「解決方案」、「效果」這四個元素設定為下列的內容

背景：與前年同月比較，入會人數減少5%

課題：申請體驗入會的人數減少

解決方案：實施個人教練的免費體驗課程

效果：分段執行，可讓入會人數具有平均15人／每月的成長（入會人數增加30%）

為了向業務部長提出簡潔又全面的企劃，決定針對「背景」、「課題」、「解決方案」、「效果」這4個元素，各提出一張投影片進行說明。

	內容	投影片張數
背景	❶與前年同月比較，入會人數減少 5%	1 張
課題	❷申請體驗入會的人數減少	1 張
解決方案	❸實施個人教練的免費體驗課程	1 張
效果	❹分段執行，可讓入會人數具有平均 15人／每月的成長（入會人數增加 30%）	1 張
		總計 45 張

column　彼此獨立、互無遺漏的編排方式

編排資料的投影片架構時，可確認內容是否為MECE（Mutually Exclusive Collectively Exhaustive：彼此獨立、互無遺漏）的架構。

「MECE架構」指的是「要傳遞的內容」沒有半點遺漏，又彼此獨立的狀態。剛剛說明的「背景」、「課題」、「解決方案」、「效果」也是MECE架構之一。下列為大家列出MECE的例子、有遺漏的例子以及未彼此獨立的例子。

要傳遞的內容

> 新商品的銷路因廣告不足而不佳。需要加強宣傳力道。二億元的投資應可帶來業績 10% 的增長。

	MECE 的例子	有遺漏的例子	未彼此獨立的例子
背景	新商品的銷路不佳	新商品的銷路不佳	廣告力道不足 而且新商品的銷路不佳
課題	廣告不足		廣告力道不足，而且 新商品的銷路不佳
解決方案	需要加強宣傳力	需要加強宣傳力	需要加強宣傳力道
效果	二億元的投資 可提升 10% 業績	二億元的投資 可提升 10% 業績	二億元的投資 可提升 10% 業績
		沒有課題的解決 方案很突兀	背景與課題、課題 與解決方案重複

MECE架構是由彼此獨立、互無遺漏這兩個部分組成，但「互無遺漏」的部分遠比「彼此獨立」來得重要，因為未彼此獨立只會造成內容有點難懂，一旦遺漏重要的內容，就容易被點出致命的缺陷。

正確來說，「重要資訊」是指「對方認為重要的資訊」。資料不過是一種溝通手段，所以對方不在意的事情不一定要放入故事線。我們該做的不是無厘頭地蒐集所有資料，而是蒐集對方覺得重要的資料。

一定要在開頭加註「概要」，並在結尾加上「結論」

◼ 加入「標題」、「概要」、「目錄」、結論」

接著，為大家說明安排投影片架構的最後一道步驟，就是在資料裡加入不可或缺的4張投影片。這4張投影片分別是「標題」、「概要」、「目錄」與「結論」。這4個元素可分別以1張投影片，總計4張投影片說明。

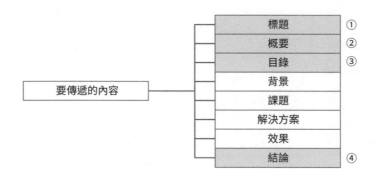

① 標題

標題的投影片必須具備版本、日期、製作者這類資訊，讓人一看就知道資料的新舊，標題則該讓人一看就知道資料的重點。

② 概要

概要的投影片則是簡潔有力的資料內容，讓人一讀就了解資料的全貌。我很常看到沒有「概要」的資料，請大家務必注意這個部分。

③ 目錄

目錄的投影片可說明資料由哪些元素與順序鋪陳。

④ 結論

結論的投影片是資料的總結，也可列出你採取的行動以及希望對方採取的下一步行動。回顧整份資料，有助對方了解資料的內容以及採取下一步具體的行動。

標題、概要、目錄、結論的投影片將於第6章說明製作方法。

標題

Ver.6

新商品開發體制強化提案

2018 年 8 月 10 日
經營企劃部 許 郁文

概要

- 在競爭對手強化業務體制與產品線之後，本公司的業績在過去五年出現下滑的傾向
- 尤其新商品上市的推遲，嚴重造成銷路下滑
- 增加新商品開發人員，讓新商品提早上市一提案
- 增加開發人力，可讓新商品提早四個月上市，年度業績也可望增加 10 億元

目錄

1. 背景：本公司的業績與競爭對手動向
2. 課題：本公司新產品現狀
3. 解決方案：增加新商品開發人員
4. 效果：預測新商品推出時期與業績

結論

- 新商品上市的推遲，嚴重造成銷路下滑
- 增加新商品開發人員的提案
- 增加開發人力，可讓新商品提早四個月上市，年度業績也可望增加 10 億元

  為了通過增加開發人力的預算，希望能允許製作說明細節的提案。

4
安排故事線

STEP2
設定「投影片標題」與「投影片訊息」

投影片的架構確定後，接著要確定各投影片的「投影片標題」與「投影片導言」。適當的投影片標題可讓讀者瞬間理解投影片的內容，若能進一步附上「投影片導言」，讀者便能清楚了解這張投影片的主張。**設定簡單具體的投影片標題與導言，是製作「能獨立閱讀的資料」的第一步。**

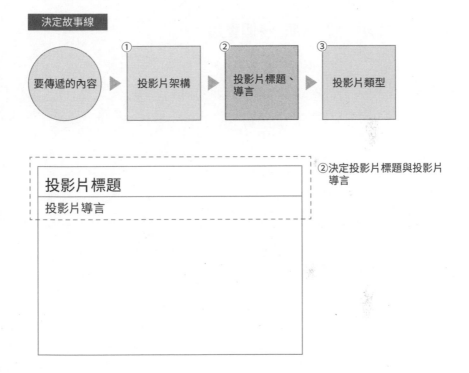

②決定投影片標題與投影片導言

027 投影片標題必須「零主張」與「簡潔」

▣ 設定投影片標題需顧及4個重點

「投影片標題」是位於投影片最上方，簡潔說明投影片內容的部分，若能掌握下列4個重點，就能設定簡潔有力的投影片標題。

① 簡短
② 零主張
③ 名詞結尾
④ 主語明確

投影片標題

① 簡短

要讓讀者瞬間了解投影片的內容，投影片標題就必須簡短，進一步的資訊可於投影片標題之外的部分說明，例如下列的統計期間「（2018年1月～12月）」的部分可於投影片說明，所以從投影片標題拿掉。

×反面教材：本公司商品銷售量趨勢（2018年1月～12月）
○正面教材：本公司商品銷售量趨勢

② 零主張

投影片標題不需挾雜主張。下列範例的投影片標題包含了「減少」這類充滿主張的字眼，不太適合放在投影片標題。代表客觀意見的「趨勢」是主張較不強烈的字眼，讓人覺得後續的分析較客觀，也才是適合於投影片標題出現的字眼。

×反面教材：本公司產品銷售量的減少
○正面教材：本公司產品銷售量的趨勢

③ 名詞結尾

投影片標題最好能以名詞結尾，這可連帶達成①簡潔這個目標。下列的「銷售量減少可透過三個因素說明」雖然是說得很仔細的標題，但太過冗長，若改寫成「銷售量減少的三個因素」，就變得更加簡潔易懂。

×反面教材：銷售量減少可透過三個因素說明
○正面教材：銷售量減少的三個因素

4
安排故事線

④ 主語明確

投影片標題必須具備明確的主語，而且每張投影片的主語盡可能一致，才方便讀者理解。假設主語一致，不妨從第2張投影片開始省略主語，讓投影片標題更加簡潔。

假設途中要使用另一個主語的投影片標題，記得明確標示主語，否則讀者可能無法理解。

×反面教材
（投影片1）本公司產品的銷售量減少
（投影片2）本公司產品的銷售量減少的三個因素←主語的「本公司產品的」可省略
（投影片3）消費行為的變化←省略了主語，就看不出是誰消費

○正面教材
（投影片1）本公司產品的銷售量趨勢
（投影片2）銷售量減少的三個因素←省略了「本公司產品的」
（投影片3）顧客消費行為的變化→追加「顧客」這個主語

▼健身房實例　設定投影片標題

「我」根據投影片標題設定4個重點的「①簡短」、「②零主張」、「③名詞結尾」、「④主語明確」，設定了健身房宣傳企劃書投影片標題。

由於「背景」的部分要說明入會人數減少的狀況，於是將投影片標題設定為「入會人數的趨勢」。「課題」的部分是說明入會人數減少的原因，所以設定為「入會人數減少的原因」，「解決方案」的部分是說明宣傳方案的實施，所以訂為「增加入會人數的宣傳方案」，最後的「效果」則是說明宣傳效果，所以直接沿用「宣傳效果」這個字眼作為投影片標題。上述的投影片標題都符合簡短，零主張、名詞結尾、主語明確這4個基準。

	投影片標題
背景	入會人數的趨勢
課題	入會人數減少的原因
解決方案	增加入會人數的宣傳方案
效果	宣傳效果

4

安排故事線

028 投影片導言必須在50個字之內說完「主張」

■ 一張投影片，一句投影片導言的原則

「投影片標題」確定後，接著就設定「投影片導言」的內容。投影片導言位於投影片標題下方，用途是簡潔地說明投影片整體內容，原則上，一張投影片會配置一句投影片導言，通常不會超過兩句。許多企業的資料都沒有投影片導言，但是顧問公司的資料一定都會有投影片導言。

如果曾被身邊的人說「不知道你的資料在說什麼」，最好加註投影片導言。以投影片導言總括投影片的內容，可直接告訴對方「想透過投影片傳遞的內容」，而且撰寫投影片導言也能磨練自己撰寫摘要的能力。

投影片標題
投影片導言

□ 投影片導言是宣示主張的句子

撰寫投影片導言的時候,需注意下列3點:

① 內含主張

投影片標題不該有主張的字眼,但投影片導言卻通常會夾雜宣示主張的字眼。主張並非個人主觀,而是基於事實的內容,例如「銷售量下滑是因新商品上市推遲」就是適當的投影片導言。

② 寫成文章

之前建議投影片標題以名詞作為結尾,但投影片導言卻最好寫成文章,才能明確指出主張的時態與精確度,例如「銷售量未來有可能減少」、「銷售量已減少」、「銷售量正在減少」就比只寫「銷售量減少」來得更能宣示主張。

③ 精簡於50個字之內

投影片導言的用途在於簡潔告知投影片的內容,所以長度最好在50個字之內,別寫成長篇大論。

投影片標題	本公司產品的銷售量趨勢
投影片導言	○ 相較五年前,本公司產品的銷售量已減少 10%
	✖ 過去五年內,本公司產品的銷售量趨勢如下←缺少主張
	✖ 相較於五年前,本公司產品的銷售量減少 10%←名詞結尾
	✖ 本公司產品的銷售量趨勢根據過去五年的資料檢視後,發現銷售量已減少 10%←文章太長

4

安排故事線

■ 投影片導言可說明「比較對象」與「差距」

為了讓投影片導言的主張更具說服力，建議明確指出「比較對象」與「差距」。

每個人都習慣根據客觀的評價判斷主張的可信度，例如「**本公司的產品銷售量正在減少**」這句投影片導言的評估方式就過於主觀而欠缺說服力，若加入比較對象，寫成「**相較於五年前**，本公司的產品銷售量正在減少」，各位覺得如何？投影片導言是不是因為「五年前」這個比較對象，而變得更客觀，也更有說服力。

不過，到底減少多少，也就是「差距」這個部分還沒說清楚，所以要利用數據具體說明「差距」。比方說寫成「相較於五年前，本公司產品的銷售量減少了**10%**」，投影片導言的主張就更具說服力了吧！關於比較對象以及差距的部分，可參考三谷宏治（2011）「瞬間傳達重點的技術」（Kanki出版），其中有詳盡的說明。

未盡完善的投影片導言	正面教材
本季本店預算增加	本季本店預算較前季增加 5%
本店的性價比非常高	相較於競爭對手 B 健身房，盡管服務內容相同，本店的會費便宜 10%
本店的二十幾歲女性會員非常多	相較於三十幾歲女性會員，本店的二十幾歲女性會員多出 10%

▼ 健身房實例 設定投影片導言

「我」在寫好投影片標題之後，寫了投影片導言。投影片導言一定要寫成帶有主張的文章，且字數必須在50個字之內，並包含「比較對象」與「差距」這類內容。

「背景」或「課題」這類投影片都是用來說明公司現狀，我想利用具體的數據說明與前年同月的比較，也因為部長是會計出身，所以要在「效果」的投影片放入量化的數據。如此一來，「宣傳企劃」的投影片標題與投影片導言就寫好了。

	投影片標題	投影片導言
背景	入會人數的趨勢	與前年同月比較，入會人數已減少 5%
課題	入會人數減少的原因	與前年同月比較，申請體驗的入會人數已減少 5%
解決方案	增加入會人數的宣傳方案	實施個人教練的免費體驗課程是性價比最佳的方案
效果	宣傳效果	分段執行，可讓入會人數得到平均 15 人／每月的成長

4

安排故事線

STEP3
決定「投影片類型」

「投影片標題」與「投影片導言」都決定之後，最後要決定的是「投影片類型」。

投影片類型共分「**條列式**」、「**圖解**」、「**圖表**」**這三種。**建議各位先了解這三種類型的特性，再從中選擇最適合投影片內容的投影片類型。

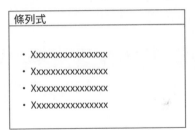

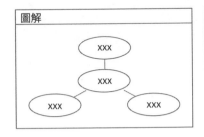

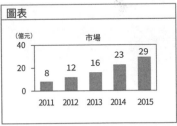

本書將於第8、9、10章進一步說明條列式、圖解、圖表，這三種投影片類型的製作方式。這裡先根據設定的投影片類型，閱讀於各章介紹的製作方法。

029 投影片類型可從「條列式」、「圖解」、「圖表」三者之中選擇

▢ 依照特徵選擇投影片類型

投影片類型分成「條列式」、「圖解」、「圖表」這三種,「條列式」是將文章分成多個項目或短句的呈現方式,「圖解」則是利用圖案或圖形呈現原本以文章或數字呈現的內容,「圖表」則是以視覺效果呈現數據的方法。讓我們先了解這三種投影片類型的特徵,再從中選擇適合不同投影片的類型。**各種投影片類型與「背景」、「課題」、「解決方案」、「效果」的投影片架構對應的情況如下。**

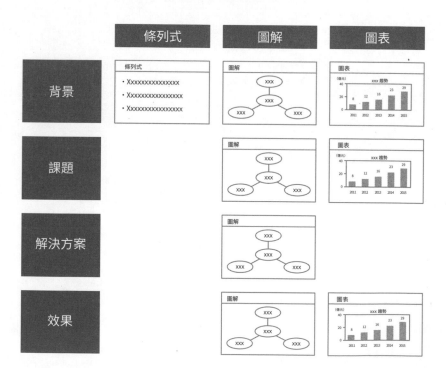

「背景」投影片可選用「條列式」、「圖解」與「圖表」這三種類型製作，請大家依照投影片的內容，套用適當的類型。

若是不需利用數據說明的「課題」投影片，可套用「圖解」類型，反之則套用「圖表」類型。比方說，「業務活動的品質不佳」這類難以量化的課題，通常就會套用「圖解」類型。反觀「業務員減少」這類能量化的課題，就會套用「圖表」類型。

不需利用數據說明的「課題」投影片不僅可套用「圖解」類型，也能套用「條列式」類型，但選用「圖解」類型比較簡單易懂，還是建議各位儘可能選用「圖解」類型。

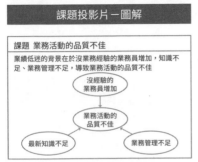

「解決方案」投影片可套用「圖解」類型，因為解決方案都難以透過數值說明。雖然也可套用「條列式」類型，但還是建議使用「圖解」。

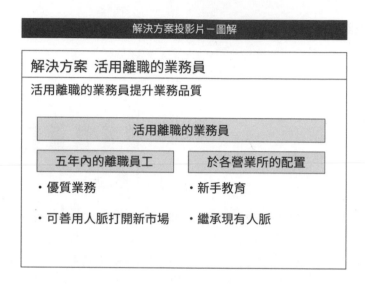

「效果」投影片則盡可能套用方便量化的「圖表」類型，需以質化資料說明的「效果」投影片則可套用「圖解」類型。

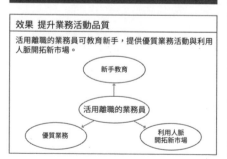

有時會需要以多種投影片類型（例如「圖表」與「圖解」）說明，此時可在一張投影片套用兩種投影片類型。例如，在左側配置「圖解」類型的內容，在右側配置「圖表」類型的內容。下列的範例為了同時呈現質化與量化的資料，而使用了圖例與圖表。

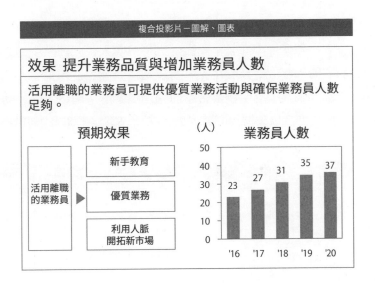

「概要」、「目錄」、「結論」通常只以文字說明，所以可套用「條列式」類型。

▼健身房實例 設定投影片類型

「我」已寫好「投影片標題」與「投影片導言」，接著要一邊思考各投影片的資料，一邊設定投影片類型。

「背景」投影片必須說明入會人數低於目標的事實，所以我決定套用「圖表」類型，「課題」投影片則得說明入會人數減少的原因為申請體驗的入會人數減少這點，所以選擇「圖表」類型。「解決方案」投影片則為了說明宣傳方案而選用「圖解」類型，最後的「效果」投影片則需以數據說明宣傳效果，所以選擇「圖表」類型。

	投影片標題	投影片導言	投影片類型
背景	入會人數的趨勢	與前年同月比較，入會人數已減少 5%	圖表
課題	入會人數減少的原因	與前年同月比較，申請體驗的入會人數已減少 5%	圖表
解決方案	增加入會人數的宣傳方案	實施個人教練的免費體驗課程是性價比最佳的方案	圖解
效果	宣傳效果	分段執行，可讓入會人數得到平均 15 人／每月的成長	圖表

column	**在筆記本繪製草圖**

決定投影片類型之後，可在打開PowerPoint之前，先在筆記本繪製整張投影片的草圖。建議準備一本A4筆記本，再替每張投影片繪製草圖。

在每張紙寫下投影片標題、投影片導言，再繪製圖解、圖表的示意草圖。這裡的圖解或圖表都只是示意圖，所以畫得粗略一點也沒有關係。

這類草圖可幫助我們想像投影片的整體架構與完成圖，也比直接利用PowerPoint製作，將時間浪費在圖解與圖表的繪製來得好。

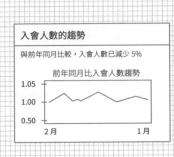
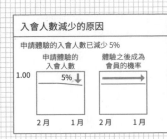
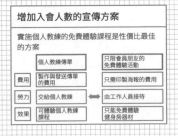
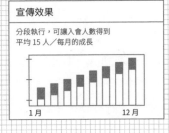

4

安排故事線

第4章 製作故事線總結

資料的故事線可利用下列三個步驟建立：

STEP1 決定投影片架構
□ 投影片架構可依序利用「背景」、「課題」、「解決方案」、「效果」這4個元素的建立。
□ 「標題」、「概要」、「目錄」這類投影片可放在開頭，「結論」投影片則可放在最後。

STEP2 決定投影片標題與投影片導言
□ 投影片標題必須符合「簡短」、「零主張」、「名詞結尾」、「主語明確」這4個重點。
□ 投影片導言基本上，一張投影片只有一段。
□ 投影片導言必須符合「內含主張」、「寫成文章」、「精簡於五十個字之內」這3個重點。
□ 投影片導言可透過「比較對象」、「差距」營造客觀性。

STEP3 決定投影片類型
□ 投影片類型共有「條列式」、「圖解」、「圖表」這3種類型。
□ 條列式是將文章分成多個項目或短句的方法。
□ 圖解則是利用圖案或圖形呈現原本以文章或數字呈現的內容。
□ 圖表則是以視覺效果呈現數據的方法。
□ 最後是在筆記本繪製投影片的草圖。

PowerPoint簡報製作

蒐集資訊的大原則

第5章 蒐集資訊的大原則

於第3章、第4章確認資料的目的之後,也設定了方便對方了解內容的投影片架構、各張投影片的投影片標題、投影片導言與投影片類型,本章則要說明蒐集資訊的方法,以便投影片的內容有所佐證。

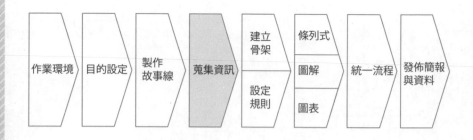

這裡蒐集的資料最終會以條列式(第8章)、圖解(第9章)、圖表(第10章)等格式放進投影片中。

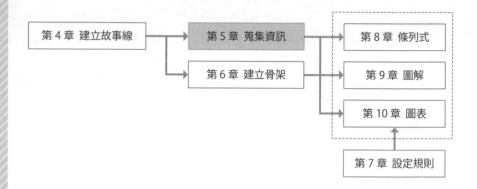

本章蒐集的資訊是指可讓對方理解投影片導言所需的資訊，在此稱為「投影片資訊」。蒐集「投影片資訊」時，必須先建立「蒐集何種資訊才對」的假說。**建立假說後再開始蒐集資訊，才能更有效率，大幅縮短蒐集時間。**

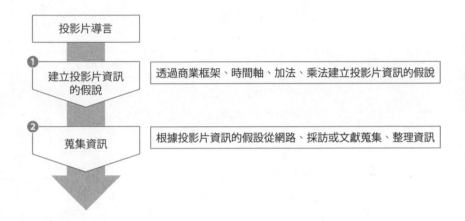

要注意的是，有時候無法依照一開始建立的假說取得需要的資料，這代表需要重新修正假說再蒐集其他資料，或是更改投影片的導言。

此外，未標明出處的資料不太值得信任，也不具有說服力，請務必記錄「投影片資訊」的「出處」。參考P.505的步驟下載Excel檔案，可快速整理蒐集的資訊。

大原則

建立蒐集資訊
所需的「假說」

一開始我們先來辨別一下「投影片資訊」，有下列兩種蒐集資訊的前提。第一種是詳盡說明投影片導言的「詳盡資訊型」，另一種是佐證投影片導言的「佐證型」。

知道分為這兩種類別後，接著要建立關於投影片資訊的假說，只是要針對這些投影片資訊建立適當的假說並不容易，**在此建議大家使用專為「建立投影片資訊假說」使用的「框架」**。所謂「框架」就是「思考的架構」，根據框架建立假說，才能有效率地蒐集適當的資訊。

除了使用框架之外，透過乘法或加法分解投影片的主題也能有效建立「投影片資訊的假說」。這是一種稍微困難，但許多企業顧問愛用的技巧，學會之後，會帶來很多方便。

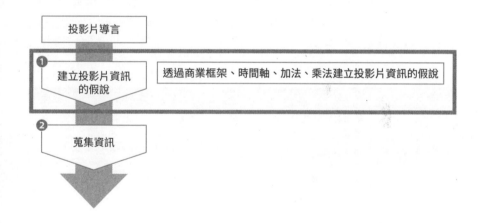

利用入門書完成建立假說的「準備」

☐ 加深對該領域的知識與理解

建立投影片資訊的假說時，如果對該領域的理解不深，很難建立適當的假說。此時，必須一開始先推測哪種假說才適當。在企業顧問業界，通常會透過下列的流程掌握建立假說的必要知識。

一開始先閱讀該業界市面上的入門書，接著研讀證券公司的分析報告，了解該業界目前的趨勢，然後請教從業人士，了解業界的內部資訊，最後再請教熟悉該業界的專家，了解該業界未來的動向，此時，你也會成為該業界的準專家。

方法	內容	例
①入門書	多讀幾本入門書，增加對該領域的理解	「誰都能立刻上手的○○」的這類書
②分析報告	研讀證券公司提供的分析報告	交易所的分析報告
③請教相關人士	請教該領域的業務員或專案負責人	同事 同事的朋友
④採訪專家	採訪熟悉該領域的專家	業界雜誌的總編 大學教授 研究所的研究員 業界分析師

□ 該閱讀的是入門書，而非專業書籍

照常理來說，④採訪專家不是那麼容易的事，所以①閱讀入門書或③請教相關人士較為實際可行。大部分的人在想了解某些事物時，總是會從內容很艱澀的書籍開始閱讀，但其實更建議從平易近人的入門書下手，尤其最近有許多關於專業領域的漫畫，更是值得一讀。**建議至少讀3本以上的入門書**。不需要精讀，只需要3本一起讀個大概即可，因為這樣便能在這些書籍中看到相同的內容，有助於早點理解這個業界。

利用上述方法蒐集資訊，對該業界有初步的了解之後，接著便可建立投影片資訊的假說。

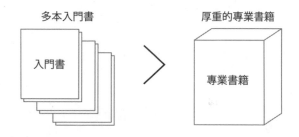

多本入門書　　　　　　　　厚重的專業書籍

入門書　＞　專業書籍

企業顧問現場

前面介紹了採訪專家的流程，但真正困難的是取得與專家的預約。透過網路調查陌生的專家後，直接打電話去對方的職場，絕對會讓人很困擾，而且身為企業顧問的我們，也有不偽裝身分與洩漏客戶身分的規範，所以常常得在電話費盡唇舌，讓對方知道為什麼我們需要採訪他們。不過，若能因此得到採訪專家的機會，就能得到真正有價值的資訊，所以真有機會採訪，心裡也會更加雀躍。目前有項能透過網路找到專家以及取得聯繫的「visasq」網路服務，由衷覺得現在真是個美好時代。

031 了解「詳盡資訊型」與「佐證型」的投影片資訊

◻ 「詳盡資訊型」與「佐證型」的投影片資訊

投影片資訊的位置在投影片導言下方，也被稱為「Body」。承上所述，Body內的投影片資訊分成兩種，一種是進一步說明投影片導言的「詳盡資訊型」，另一種是佐證投影片導言的「佐證型」。

計畫書、報告書這類用於說明的資料，常使用前者的「詳盡資訊型」；企業書或提案書這類用於提案的資料，則多使用後者的「佐證型」。

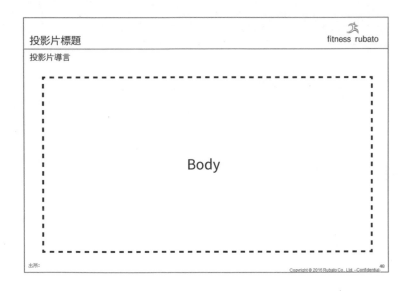

① **詳盡資訊型的投影片資訊**

「詳盡資訊型」的投影片資訊是進一步說明投影片導言的內容，以「本宣傳計畫分成計畫期、準備期、實施期三個階段進行」的投影片導言為例，投影片資訊就會撰寫「計畫期」、「準備期」、「實施期」這三個項目要執行的內容。

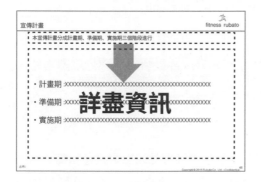

② **佐證型的投影片資訊**

「佐證型」的投影片資訊，是讓投影片導言更有憑有據的內容，以「一般認為，個人教練免費體驗課題的效果最佳」這個投影片導言為例，Body的部分就可寫成「個人教練免費體驗課題」與其他宣傳方案的比較結果。

032 透過「邏輯樹」理解投影片資訊

■ 「詳盡資訊型」與「佐證型」的邏輯樹

蒐集資訊的時候，可利用樹狀圖整理資訊與投影片導言的關係。這類樹狀圖稱為「邏輯樹」。雖然投影片資訊分成詳盡資訊型與佐證型兩種，但都可利用邏輯樹整理內容。

① 詳盡資訊型

就詳盡資訊型的投影片資訊而言，**投影片導言並未出現在邏輯樹之內，邏輯樹只用於「整理資訊」**。例如要說明「雷曼兄弟金融風暴對各領域造成影響」的內容，可將「雷曼兄弟金融風暴」放在邏輯樹的頂端，接著在第二層配置「①消費者消費鈍化 ②中小企業破產 ③銀行放款不易」，說明雷曼兄弟金融風暴造成的影響。

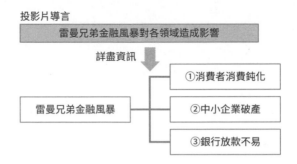

② 佐證型

佐證型的投影片導言會出現在邏輯樹之內。投影片導言位於樹狀圖第一層，第二層則是佐證導言的內容，以「少子高齡化的傾向將持續發展」的投影片導言為例，第二層的內容可以是「①少子化　②高齡化③今後趨勢」這三個用於佐證的資訊。

將佐證型的資訊整理成邏輯樹的時候，必須先確認第二層的資料是否真的能佐證第一層的資訊。一旦漏掉重要的佐證，投影片導言的可信度將會受到質疑。

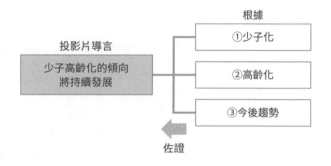

企業顧問現場

進入企業顧問公司之後，第一件負責的業務就是整理顧客企業的基本資訊。當時的資深顧問告訴我重要項目會超過二十項以上（例如：過去五年的業績、營業利益率的趨勢、銷售商品、主要顧客、股東結構、主要競爭對手等資訊），之後我也開始蒐集這些項目的相關資訊，結果真的在極短的時間之內，效率驚人地蒐集到需要的資訊。資深顧問告訴我的資訊項目都是前輩根據自己的經驗歸納出來的必要項目，也就是所謂的資訊相關的「假說」，也因為懂得建立這類假說，我才能高效率地進行資料蒐集。

033 利用「框架」建立假說

☐ 透過框架決定切入點

要利用邏輯樹建立投影片資訊的假說，必須慎選樹狀圖的切入點，而能於此時派上用場的，就是「框架」這項強而有力的武器。**框架就是常見的「思考框架」**，可幫助經驗尚淺的朋友快速建立「投影片資訊的假說」。

例如，要以資料佐證「少子高齡化的傾向將持續發展」這個投影片導言，使用「現狀＋未來」的框架較有效率，建議建立現狀①「少子化」、現狀②「高齡化」與未來「今後趨勢」這類投影片資訊的假說。

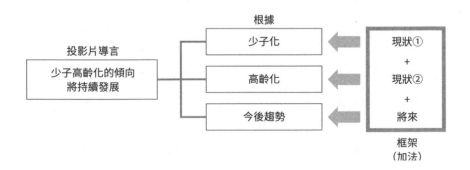

▣ 利用框架建立MECE架構的假說

利用框架建立假說的理由之一，就是大部分的框架都是MECE架構。MECE是「Mutually Exclusive and Collectively Exhaustive」的縮寫，譯成中文就是「彼此獨立、互無遺漏」的意思（參考P.103）。

若在蒐集資訊之際不重視MECE，很有可能會漏掉重要依據，或是蒐集了重複的資訊，導致投影片導言的可信度下降。這種MECE架構的思維需要長時間培養，很難一蹴可及，因此，本書也將透過框架來建立蒐集資訊的假說。

以蒐集「自家公司現況」的資訊為例，「3C分析」這種框架可有效率地建立「彼此獨立、互無遺漏」的假說。但需注意的是，沒有框架是完美的，所以不可過於聽信，但從框架著手的確是有效的方法。

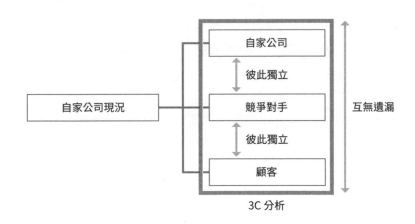

3C 分析

原則 034 建立投影片資訊的假說 ①「商業框架」

■ 使用經典的商業框架

若是蒐集業務相關的資訊，「商業框架」是最適合建立這類假說的框架。較為著名的商業框架有「3C分析」、「行銷4P模型」、「波特五力分析模型」、「PEST分析」、「價值鏈分析模型」、「消費行為分析模型」、「QCD」這些框架。

在「背景」投影片分析業界與自家公司時，可使用適合整理宏觀資訊的「PEST分析」、「波特五力分析模型」、「3C分析」，而在「課題」投影片分析自家公司的課題時，可使用拆解自家公司與消費者現況的「價值鏈分析模型」、「麥肯錫7S模型」、「消費行為分析模型」這類框架。「解決方案」投影片的資訊蒐集，則可使用說明實施內容的「行銷4P模型」。

此外，商業框架的使用方法都得依個案決定，例如分析公司內部課題時，背景投影片有可能會使用價值鏈分析模型，所以框架與投影片內容的適配性只能做為參考。

	常見的商業框架
背景投影片	PEST分析、波特五力分析模型、3C分析
課題投影片	價值鏈分析模型、麥肯錫7S模型、消費行為分析模型
解決方案投影片	行銷4P模型

☐ 常用於背景投影片的商業框架

常用於背景投影片的商業框架如下。

・PEST分析

PEST分析由行銷學大師科特勒提出，主要是從政治（Politics）、經濟（Economy）、社會（Society）、技術（Technology）這四個觀點探討企業外部環境的框架，非常適合用於「背景」投影片，蒐集企業外部環境的資訊。

・波特五力分析

「波特五力分析」是由競爭戰略大師暨哈佛商學院教授麥克波特提出的框架，可用來整理業界的特徵，以及從「購買者的議價力量」、「供應商的議價能力」、「新加入者帶來的威脅」、「替代性產品造成的威脅」與「現有廠商的競爭強度」這五個觀點分析業界，很適合在製作「背景」投影片的時候，用於蒐集業界內部環境的資訊。

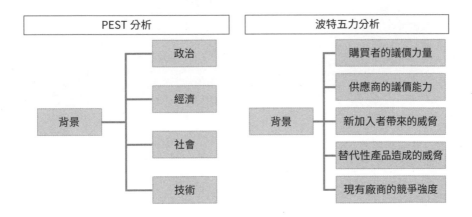

· 3C分析

常於「背景」投影片使用的「3C分析」是將商業模型的角色分成「市場」（顧客：Customer）、「競爭對手」（Competitor）、「自家公司」（Company）這三類，分析自家公司現況的框架。在製作說明自家公司現況的投影片時，透過這個框架蒐集「市場（顧客）狀況」、「競爭狀況」、「自家公司狀況」的資訊。

其實企業顧問很少在制定戰略專案使用一般的商業框架，但唯一的例外就是使用這項3C分析框架。有時會在這個3C加上通路（Channel），進行4C分析。

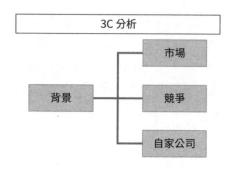

□ 常於課題投影片使用的商業框架

常於課題投影片使用的商業框架如下。

・價值鏈分析

價值鏈分析是由競爭戰略大師暨哈佛商學院教授麥可・波特（Michael Porter）提出的框架，很適合用來蒐集自家商品或服務面臨的課題的相關資訊，例如想了解自家商品的利益率太低，可根據「購買物流」、「製造」、「出貨物流」、「銷售行銷」、「服務」這些課題蒐集相關資訊，若想針對公司內部間接部門的課題蒐集資訊，則可分成「整合管理」、「人事、勞務管理」、「技術開發」、「調度活動」這些項目再蒐集相關資訊。

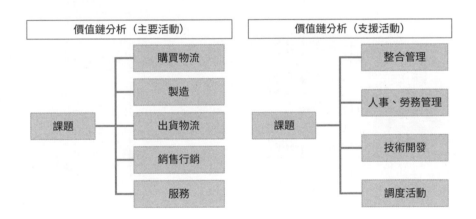

5
蒐集資訊

· 麥肯錫7S模型

「麥肯錫7S模型」是由麥肯錫諮詢顧問公司提出，其中的7S是整頓組織的框架，可在「課題」投影片蒐集組織課題相關資訊使用。

· 消費行為分析

「消費行為分析」是用於拆解顧客消費行為的框架。製作「課題」投影片的時候，可用來建立蒐集消費者消費行為相關資訊的假說，例如要找出某項商品的課題時，可使用「消費行為」框架將蒐集資訊的階段分成「認知」、「資訊蒐集」、「來到門市」、「購買」、「評估」，再從蒐集到的資訊找出應有的課題。

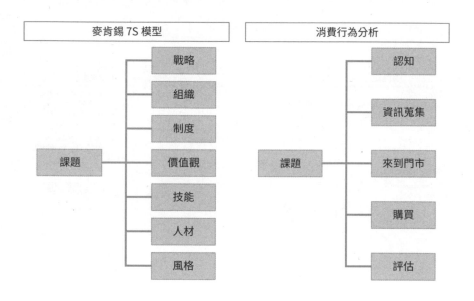

□ 常於解決方案投影片使用的業務框題

常於解決方案投影片使用的商業框架如下。

·行銷4P模型

常於「解決方案」投影片使用的「行銷4P模型」是從「商品」（Product）、「價格」（Price）、「通路、地點」（Place）、「促銷」（Promotion）這4個觀點探討商品行銷的框架，很適合用在製作新商品、服務的投影片時，建立蒐集資訊的假說，以商品行銷方案為例，可分成「商品的特徵、規格」、「價格」、「流通型態、銷售據點」、「促銷活動」這四個方向整理資訊。

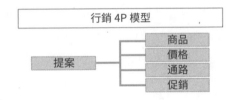

到目前為止介紹的框架，具有下列的相關性。

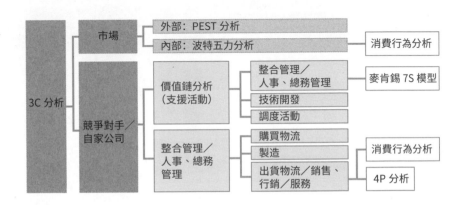

建立投影片資訊的假說
②「時間軸」

■ 通用性極高的「時間軸」框架

有時候會使用一般框架代替商業框架，建立「投影片資訊的假說」。一般框架包含「人、物、錢、資訊」、「心、技、體」這類框架。這類框架較商業框架更通用，也能於蒐集投影片相關資訊的時候用來建立「假說」。

最適合用於商業的一般框架就屬「時間軸」框架。**時間軸能幫助整理出彼此獨立、互無遺漏的資訊**，而且根據這些資訊製作出來的投影片也具有時間順序的故事線，能讓讀者按部就班了解內容。以業務的課題為例，將業務分成「計畫」、「準備」、「實施」、「回顧」這類順序的時間軸，就能有效率地蒐集與整理出需要的資訊。

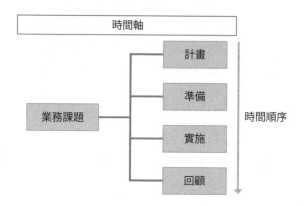

☐ 分成「之前」、「之後」整理

「時間軸」框架很適合於分成「之前」、「之後」的情況使用。比方說將新人研修的課題分成「進公司前」、「進公司後」整理就是一例。

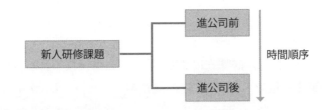

整理特定解決方案所需的資訊時，為了說明在某間公司採用該解決方案的例子，也可利用「實施前」、「實施後」這種方式整理資訊，如此一來，就能知道該公司在採用該解決方案之後的變化，也能做為自家公司採用該解決方案之後的參考。

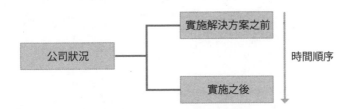

除了「之前」與「之後」，也能發展成「之前」、「中途」、「之後」三個階段，例如，要整理採用解決方案之際的必要資訊時，先分成「實施前」、「實施中」、「實施後」這三個階段，就能了解這三個階段需要哪些資訊。

建立投影片資訊的假說
③「加法」、「乘法」

☐ 以加法分解

到目前為止介紹了商業框架與時間軸框架，**但這些框架都是以加法或乘法拆解目標事物的框架**，例如3C分析就是將「自家公司現狀」分成「市場（顧客）」+「競爭對手」+「自家公司」這三個加數的框架，時間軸則是將「業務課題」分成「計畫」+「準備」+「實施」+「回顧」這四個加數的框架。

「加法拆解」這種手法很適合在「背景」投影片建立「投影片資訊的假說」使用，例如以加法拆解業績，再建立「A店業績+B店業績…」、「商品A+商品B」、「新顧客業績+熟客業績」這類假說，屬於蒐集資訊的經典手法

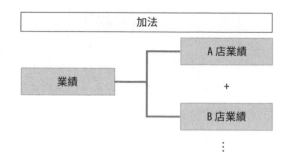

■ 乘法拆解手法，以「量×質」最為經典

相對於加法拆解手法，「乘法拆解手法」則適用於在「課題」投影片建立「投影片資訊的假說」。商場上的大部分課題都可拆解成「質×量」的假說，例如以乘法拆解手法拆解業績，就可建立「數量（量）×價格（質）」、「來客數（量）×客單價（質）」、「店員數（量）×店員每人平均業績（質）」、「門市數（量）×門市平均業績（質）」這類假說。

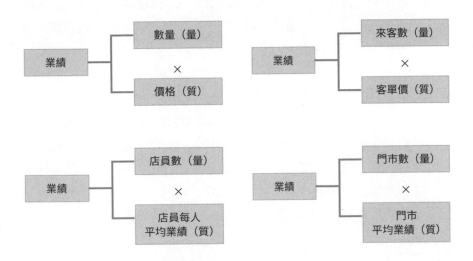

乘法拆解與加法拆解雖是非常好的手法，但很難在初學的時候順利上手，建議先熟悉截至前一節介紹的框架，之後再挑戰使用乘法拆解或加法拆解的手法。

▼ 健身房實例　建立投影片資訊的假說

正在進行健身房宣傳企劃的「我」為了替「入會人數較前年同月比下滑5%」的「背景」蒐集資訊，試著以商業框架、時間軸框架與乘法拆解手法建立「投影片資訊的假說」。

① 利用商業框架建立假說

「我」預測部長會想了解入會人數減少的情況，所以利用適合整理市場、競爭對手、自家公司狀況的3C分析框架，建立了投影片資訊的假說，這也是第二層資訊為投影片導言佐證的佐證型（參考P.132）的邏輯樹構造。

3C分別是Company（自家公司）、Competitor（競爭對手）、Customer（市場、顧客），我針對這三點建立了假說，試著推敲造成入會人數減少的因素。在自家公司方面，造成入會人數減少的因素可能是「設備老舊」，而競爭對手方面是面臨「健身房家數增加」這個因素，市場方面則是「在地人口減少」這個因素。之後可針對這三點做為假說的因素來進行資訊蒐集。

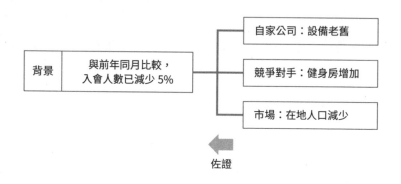

② 利用時間軸建立假說

接著「我」利用時間軸整理入會人數減少的原因,說明每一季入會人數的變化,如此一來,應該能進一步呈現入會人數減少的具體內容。這是第二層為第一層詳盡資訊的構造,換言之就是詳盡資訊型的邏輯樹。之後可蒐集第一季、第二季、第三季的入會人數資訊。

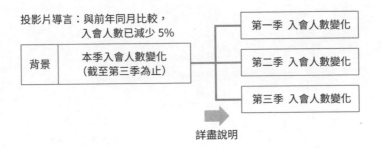

③ 利用乘法拆解手法建立假說

最後「我」試著以乘法拆解手法將入會人數減少的原因拆解成「在地家庭戶數」、「每戶人數」、「入會率」。這是佐證型的邏輯樹構造。蒐集上述三項的資訊,再以實際的數據說明,應可充份呈現入會人數減少的詳細狀況。

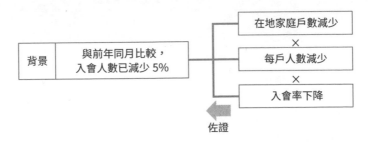

「我」認為3C分析可說明自家公司所處的環境,所以利用3C的觀點先建立投影片資訊的假說,再根據建立的假說蒐集資訊。

大原則

掌握重點，
「有效率地」蒐集資訊

建立投影片資訊的假說之後，可依照假說蒐集資訊。本書雖只粗細說明蒐集資訊的Know-How，但蒐集資料是提升資料製作速度與品質的重要流程，企業顧問每天都絞盡腦汁，試著讓這個流程的品質更高，完成的速度更快。

要提升蒐集資訊流程的品質與效率，必須先了解有哪些蒐集資訊的方法。企業顧問會透過採訪、文獻、資料、網路、問卷調查以及其他手法蒐集資訊，而實際蒐集資訊時，**一定會先訂立蒐集資訊的計畫**。若毫無計畫就開始，常常會為了蒐集更優質的資訊而浪費時間。蒐集資訊之後，務必確認這些資訊是否與投影片導言呼應。

公司內部不太會傳授蒐集資訊的技巧，所以這應該是學會就能大展拳腳的武器，在此也為大家依序說明蒐集資訊的Know-How。

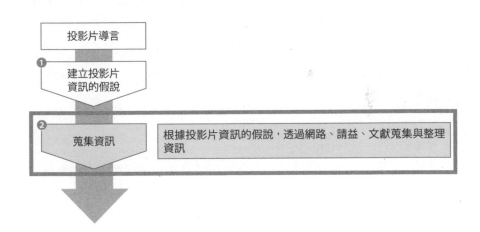

蒐集資訊先從「打聽」開始

■ 蒐集資訊有3種方法

要有效率地蒐集資訊，絕不能像無頭蒼蠅般，胡亂找一通，而是要先了解有哪些蒐集資訊的方法，再從中挑出最適當的一種。在此為大家將多不勝數的資訊蒐集方法分成3大類。

① 打聽

最該先考慮的資訊蒐集方法就是「打聽」，換言之，先確認公司內部有無熟知相關資訊的人，如果曾有人調查過內容相同的資訊，對方應該知道該閱讀哪類書籍或網站，甚至能直接提供相關的資訊。諮詢顧問公司的企業顧問常常互傳「有沒有了解○○業界的人」、「有沒有在○○公司服務的朋友」這類簡訊。**總之「打聽」是蒐集資訊的基本動作。**

② 蒐集公司外部的資訊

試過「打聽」這個方法之後，若需要更多資訊，就得正式進入蒐集資訊的步驟。蒐集資訊大致分成公司外部資訊與內部資訊。公司外部資訊主要是競爭對手或市場的資訊。由於是公司外部資訊，所以常會利用網路搜尋相關資訊、相關報導以及使用民營的資訊服務。

種類	概要	對象
網路搜尋	利用Google或網路搜尋。若將搜尋的檔案格式限定為PDF，有機會得到優質的資訊（參考P.156）	競爭對手、市場
企業官網搜尋	調查企業官網的資訊。公司基本資訊可參考公司簡介頁面，財務資訊可參考IR資訊頁面	競爭對手
文獻搜尋	這是來自書籍的資訊。國立圖書館的資料非常齊全，使用上很方便。	競爭對手、市場
報導搜尋	主要是搜尋報聞報導。日經Telecom是具代表性的服務之一競爭對手	競爭對手
統計資料搜尋	通常是與市場有關的宏觀資料。行政院主計處的網站很方便使用	市場
民營資訊服務搜尋	付費的民營資訊服務，可取得競爭對手或市場的資訊。目前以SPEEDA的服務最受歡迎。要取得非上市企業的資訊，則以帝國Data Bank最為有名	競爭對手、市場
採訪專家	採訪專家可獲得市場或競爭對手的資訊。通常會採訪業界報紙的記者或證券分析師	競爭對手、市場
消費者定量調查	透過網路問卷的方式取得消費者資料。調查公司以樂天insight或MicroMill最為有名	消費者
消費者定性調查	透過採訪的方式取得消費者資料。最主要的特徵在於能得到量化調查所無法取得的細部資訊	消費者

5
蒐集資訊

③ **蒐集公司外部的資訊**

接著，是蒐集自家公司的資訊，可取得財務資料、商品、服務資訊或顧客資訊。有時也可透過公司內部採訪取得資訊。關資訊、相關報導以及使用民營的資訊服務。

種類	概要
蒐集財務資料	確認自家公司的財務報表
分析公司內部資料	從公司內部資料取得資訊。從經營企畫、行銷、開發、業務這些部門取得相關資料。
公司內部採訪	採訪公司內部的相關人士
公司內部量化調查	對公司的員工進行問卷調查

蒐集資訊從訂立「計畫」開始再「執行」

■ 訂立蒐集資訊的計畫

若漫無目的地尋找資訊來源，有可能會在蒐集資訊時，被資訊洪流吞噬而浪費大量的時間，所以在蒐集資訊之前，必須先訂立計畫，然後決定蒐集資訊的方法與時間。

① 決定蒐集資訊的方法

蒐集資料之前，要先決定要蒐集哪種類型的資訊。讓我們利用P.153介紹的方法列出蒐集資訊的方法吧！在各種蒐集資訊方法的開頭輸入「□」，當成勾選方塊使用。

② 決定蒐集資訊的時間

決定蒐集資訊的方法之後，接著是設定要花多少時間在這些方法上面。建議大家如下設定。

	計畫
□ 網路搜尋	13：00-13：30
□ 報導搜尋	13：30-14：00
□ 採訪專家（電話）	14：00-15：00

□ 實際蒐集資訊

一旦開始蒐集資訊，很容易忘了時間，所以記得使用計時器提醒每段時間該進行的工作。話說回來，蒐集資訊有時的確不容中斷，此時不妨修正計畫，再繼續蒐集資訊。

建議大家只允許自己修正一次計畫，因為修正太多次，就失去事先訂立計畫的意義。**其實在覺得再找一下就能找到不錯的資訊時停止蒐集，是蒐集資訊時的關鍵重點。**

蒐集資訊時，可將實際花費的時間寫在計畫旁邊，提供事後檢視，如此一來，就能讓自己更精準地預判作業時間，也能大幅提升訂立計畫的精確度。

	計畫	耗費時間
□ 網路搜尋	13：00-13：30	40分鐘
□ 報導搜尋	13：30-14：00	20分鐘
□ 採訪專家（電話）	14：00-15：00	80分鐘

在網路搜尋時，指定「檔案格式」

◻ 使用filetype:搜尋檔案

蒐集公司外部資訊的時間，最常使用的就是網路。SPEEDA*是非常好用的付費服務，但其實只要花點心思，一樣能從網路找到不錯的資訊。所謂網路搜尋，一般就是指Google搜尋，只是以一般的方法搜尋，會發現部落格的文章或新聞，這類不太可信的資訊排可能落在搜尋結果的前幾名。

要利用Google找到可信度較高的資訊，建議指定搜尋PDF或Excel的檔案。此時建議的就是使用指定檔案格式的filetype:命令搜尋，就能將搜尋範圍縮小至指定的副檔名。

命令　filetype:

使用方法　filetype:檔案的副檔名　關鍵字

搜尋範例　| filetype:pdf　電子書籍市場規模 🔍 |

若想搜尋的是PDF檔案，可輸入「filetype:pdf」的命令，若想搜尋的是PowerPoint檔案，可輸入「filetype:pptx」，Excel檔案則輸入「filetype:xlsx」。後續加上關鍵字，就能根據關鍵字與指定的副檔名找到需要的資訊。

---

*SPEEDA提供可用於分析公司及產業的財務數據、統計數據、分析報告及其他資訊，是提供支援商業行為決策的網路資訊平台。

■ 依目的使用不同的檔案格式搜尋

在各種檔案格式之中，相對優質的檔案格式為PDF，常可找到專家的
報表、報告以及可信度較高的資訊。PowerPoint檔案的可信度雖然不如
PDF檔案，卻可做為投影片架構的參考。

Excel檔案的特徵在於可直接取得數據，例如以Excel檔案格式搜尋「少
子高齡化」這個關鍵字，就能得到人口預測資料。將人口預測資料製成
圖表，就可以直接當成資料使用。所以就取得數據這點而言，非常建議
搜尋Excel檔案。

最後是將蒐集到的資訊整理成Excel檔案，之後就能確認引用來源，日
後若需要進行相同的研究，也可以參考此時留下的記錄。

投影片標題	投影片導言	投影片類型	投影片資訊的假說	取得資訊	出處
電子書市場動向	電子書的市場規模或許將持續擴大	圖表	電子書市場不斷擴大	從2015年到2016年度增加了24.7%	https://www.impress.co.jp/newsrelease/pdf/20170727-01.pdf
			市場規模應該會繼續擴大	到2021年度為止，市場規模可望成長至2016年度的1.6倍	同上

▼健身房實例 蒐集資訊

「我」根據P.148、149設定的3C分析的投影片資訊假說，蒐集「背景」投影片的資訊，並將蒐集到的資料整理成下列的表格。

	投影片標題	投影片導言	投影片類型	投影片資訊的假說
背景	入會人數的趨勢	與前年同月比較，入會人數已減少5%	圖表	自家公司：設備老舊 競爭對手：健身房增加 市場：在地人口減少

做為蒐集資訊的第一步，我先請教之前曾負責宣傳企劃的同部門前輩，前輩也給我整理好的公司內部資料，接著為了補充不足的部分，訂立了下列蒐集資訊的計畫。

□①訪問公司內部的管理階層，取得自家公司的設備資訊（一小時）
□②透過網路取得競爭對手的資訊（一小時）
□③透過網路了解在地人口的動態（一小時）

尤其是②與③的網路搜尋，都只設定一個小時，以免漫無目的地搜尋。

依照計畫調查之後，發現①自家公司的設備方面，「店內裝潢自沿用前店家的設計以來，已超過15年」，「空調也是從前店家接手的設備，已使用超過20年」，「有氧健身車也使用超過7年」。

在②競爭對手的資訊方面，得知「商圈多出兩家24小時營業的健身房」、「加壓健身房*新增三間」。最後的③在地人口方面，則知道「移入者以年減0.5%的速度減少」以及「少子化現象較其他地區嚴重」。

最後確認各種資訊的層級一致，再連同出處整理至表格裡。下列就是整理之後的Excel表格：

投影片標題	投影片導言	投影片類型	投影片資訊的假說	取得資訊	出處
背景	入會人數的趨勢	與前年同月比較，入會人數已減少5%	圖表	自家公司：設備老舊	- 店內裝潢自沿用前店家的設計以來，已超過15年 - 空調也是從前店家接手的設備，已使用超過20年 - 有氧健身車也使用超過7年	公司內部資訊
				競爭對手：健身房增加	- 商圈多出兩家24小時營業的健身房 - 加壓健身房新增三間	自家公司調查（2016年10月）
				市場：在地人口減少	- 移入者以年減0.5%的速度減少 - 少子化現象較其他地區嚴重	世田谷區官網(www.xxxxxxxxxxxxxx)

*加壓訓練法（Blood Flow Restriction）是將身體某部位肌群用皮帶綁起，以抑制肌肉中血液循環的訓練方式來進行訓練。

第5章　蒐集資訊總結

建立投影片資訊的假說

□ 若要建立的投影片資訊假說是不太熟悉的領域，不妨試著多讀幾本入門書。

□ 投影片導言分成說明詳盡的「詳盡資訊型」與佐證投影片導言的「佐證型」兩種，可視情況選用。

□ 投影片資訊的假說可套用MECE架構。

□ 建立投影片資訊的假說可使用①商業框架、②時間軸框架、③「加法拆解」、「乘法拆解」這類手法，提高效率。

①商務框架：3C分析、行銷4P模型這些都是商場常見的框架。

②時間軸框架：這是依照時間順序整理資訊的框架，特徵是讓讀者根據時間的順序了解投影片資訊。

③加法、乘法拆解手法：以「加法」或「乘法」拆解時，最經典的是以「量×質」的方式拆解。

蒐集資訊

□ 要有效率地搜尋資訊，一開始一定要先請教熟悉該領域的人，接著再蒐集公司內外部的資訊。

□ 蒐集資訊時，常會無端浪費時間，所以要先訂立蒐集資訊的計畫，徹底分配時間。

□ 透過網路搜尋資料時，可使用filetype的命令搜尋「PDF檔案」。

□ 最後要將蒐集到的資料整理成Excel檔案。

PowerPoint簡報製作
建立骨架的大原則

第6章 建立骨架的大原則

我們在第4章建立了故事線，在第5章依照故事線蒐集了資訊，而本章要根據第4章建立的故事線建立資料的骨架。骨架就是「只記載投影片標題與投影片導言的多張投影片」。一開始，先利用PowerPoint建立骨架的投影片，再於投影片輸入第4章設定的投影片標題與投影片導言，最後再製作組合成資料前後結構的「標題」、「概要」、「目錄」與「結論」的投影片，骨架就完成了。從本章開始，PowerPoint總算有機會出場了！

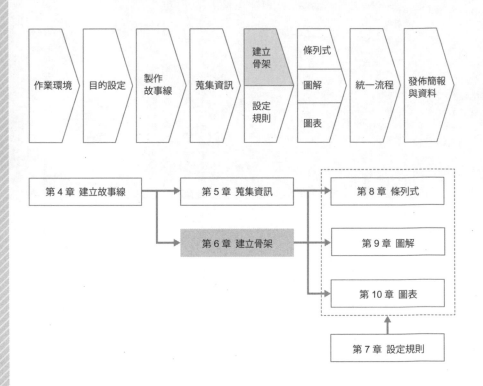

企業顧問不會在一開始就利用PowerPoint製作圖表或圖解，而是會先建立骨架。骨架也稱為「空白投影片」，在企業顧問的業務之中，擔任重要的角色。

還記得我還是新人時，上司給了內容只有投影片標題與投影片導言的骨架，要我將這些投影片的內容填滿。骨架一旦建立完成，投影片整體的構造與故事線也變得明朗，就能避免製作毫無意義的投影片。就結果而言，能更快完成相關的作業，而且也能讓故事線變得更明確。接著，就讓我們一起認識建立骨架的方法。

	投影片標題	投影片導言
標題	增加入會人數的宣傳企劃書	
概要	概要	
目錄	目錄	
背景	入會人數的趨勢	與前年同月比較，入會人數已減少5%
課題	入會人數減少的原因	與前年同月比較，申請體驗的入會人數已減少5%
解決方案	增加入會人數的宣傳方案	實施個人教練的免費體驗課程是性價比最佳的方案
效果	宣傳效果	分段執行，可讓入會人數得到平均15人／每月的成長
結論	結論	

骨架的落版

大原則

善用編排版面的「投影片母片」

建立骨架時，第一步要先建立投影片版面。所謂投影片版面就是預先設定在所有投影片顯示的元素（例如企業標誌、頁面編號）或投影片標題、投影片導言的位置、格式（字型、字型大小），這部分可利用PowerPoint的「投影片母片」功能來進行設定。

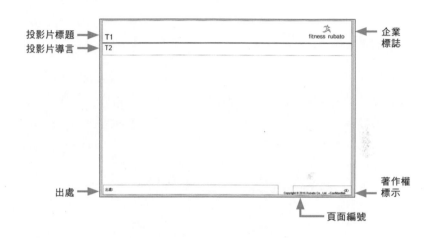

建立投影片版面有三個優點。第一個是幫助讀者快速理解。固定的版面可讓讀者快速掌握投影片標題、投影片導言的位置，自然比較容易理解內容。第二個是提升製作資料的速度。使用相同的版面就不需要思考投影片的哪個位置需要配置哪個元素，便能更快完成投影片。第三個優點是方便整合與分享資料。與他人一同製作資料時，若能約好使用相同的版面，資料的整合與分享就變得簡單許多，工作也更有效率。

為了享受上述優點，請大家學會以「投影片母片」這項功能建立投影片版面的方法，而本書使用的範例檔案請參考P.504的內容下載。

<table>
<tr><td>原則</td></tr>
<tr><td>040</td><td>「投影片版面」只保留兩張</td></tr>
</table>

□ 準備「投影片版面」

要使用投影片母片時，必須先完成基本的設定。請點選「檢視」分頁，
再點選「投影片母片」，開啟「投影片母片」畫面。若要結束這個畫
面，可點選「投影片母片」分頁的「關閉母片檢視」。

①點選「檢視」分頁

②點選「投影片母片」

開啟投影片母片畫面後，最上方有大張的投影片，這便是「投影片母
片」，也是可套用在所有投影片上同時進行變更的投影片。

下方的投影片則稱為「投影片版面」。我們不會使用這些內建的投影片
版面，請保留第一張與第二張，並刪除其他的投影片版面。點選投影片
版面，再按下G鍵就能刪除投影片。

「投影片母片」能變更
簡報的所有外觀　→

留下第一張的投影片
母片與第二張的投影
片版面

按一下
刪除其餘的投影片
版面

標題投影片

「投影片版面」可設定
內容的格式或位置　→

內容投影
片

現在的情況是剩下1張投影片母片與2張投影片版面。第一張投影片版面
稱為「標題投影片」，第二張稱為「內容投影片」。標題投影片會於製
作投影片開頭的標題投影片使用，內容投影片則是於製作一般的投影片
使用。在此製作的投影片版面可在PowerPoint作業畫面點選投影片後，
按下滑鼠右鍵，點選「版面配置」套用。

☐ 將投影片設定為A4大小

接著要設定投影片的大小。其實最適合做為簡報使用的投影片大小是
「3：4」或是「寬螢幕」，但為了方便列印成資料，長寬比必須與A4
影印用紙一致，所以投影片的大小最好設定成A4，這樣投影片畫面與列
印的成品才不會產生差異。

①點選「設計」分頁　　　②點選「投影片大小」　　　⑤點選「確定」

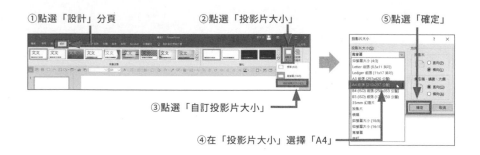

③點選「自訂投影片大小」

④在「投影片大小」選擇「A4」

追加「投影片標題」與「投影片導言」

■ 透過3個步驟建立「投影片標題」、「投影片導言」欄位

在此要建立於投影片追加第3章的「投影片標題」與「投影片導言」的版面。容我重述一次，投影片標題是簡潔說明該投影片內容的部分，在諮詢顧問業界稱為「T1」，投影片導言則是說明該投影片主張的部分，業界稱為「T2」，一般會是下列的內容。

・**投影片標題（T1）**：健身房Rubato公司的事業內容→內容
・**投影片導言（T2）**：健身房Rubato公司於東京都內經營6間健身房→
　　　　　　　　　　　　　主張

不管是投影片標題還是投影片導言，都已在第3章設定（參考P.106），所以讓我們以下列三個步驟在投影片母片畫面的「內容投影片」建立「投影片標題」與「投影片導言」的欄位。

① 建立投影片標題欄位
　　↓
② 輸入分隔線
　　↓
③ 建立投影片導言欄位

① 建立投影片標題欄位

請於投影片母片畫面選擇第二張的「內容投影片」，接著選取寫有「按一下以編輯母片樣式」的文字方塊，再將字型設定為「微軟正黑體」，字型大小設定為24pt。文字位置則設定為「靠左對齊」、「靠下對齊」，然後將文字方塊擴張至投影片的左端、右端與上緣。下緣則與輔助線（參考P.174）7.0的位置切齊。

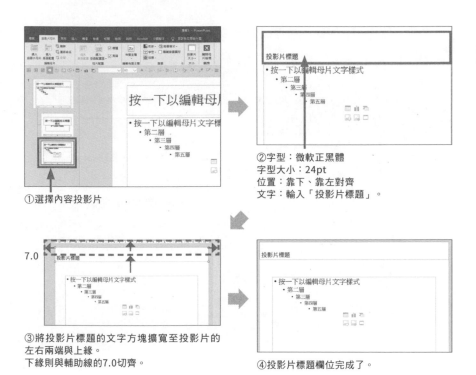

①選擇內容投影片

②字型：微軟正黑體
字型大小：24pt
位置：靠下、靠左對齊
文字：輸入「投影片標題」。

③將投影片標題的文字方塊擴寬至投影片的
左右兩端與上緣。
下緣則與輔助線的7.0切齊。

④投影片標題欄位完成了。

6

建立骨架

② 植入分隔線

接著在投影片標題與投影片導言之間植入分隔線。從「插入」分頁選擇「圖案」→「線條」,再利用輔助線功能(參考P.174)從上方往7.0的位置拉出一條輔助線(投影片標題的下方),然後沿著這條輔助線從投影片的左端至右端拉出線條,再將線條的粗細設定為2.25pt,顏色則使用資料的基色。

此時,按住□鍵拖曳,可拉出與投影片底邊平行的線條。

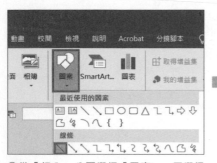

①從「插入」分頁選擇「圖案」,再選擇「線條」。

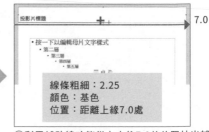

②利用輔助線功能從上方往7.0的位置拉出輔助線。顏色使用資料的基色,粗細則設定為2.25pt。

③植入分隔線了。

③ 建立投影片導言欄位

接著要利用文字方塊建立投影片導言的欄位。

①刪除內容投影片預設的文字方塊。

②點選「投影片母片」分頁→「插入版面配置區」→「文字」。

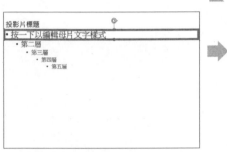

③在分隔線底下配置文字方塊。字型為微軟正黑體，字型大小為20pt，位置為靠左、靠上對齊。將文字方塊的寬度拉寬至與投影片左右兩端切齊，上緣則利用輔助線功能拉至7.0的位置，下緣則與5.8的位置切齊。

④刪除「・按一下以編輯母片文字樣式　・第二層」這類文字，再輸入「投影片導言」，投影片導言欄位就完成了。

企業顧問現場

有時候會看到只使用投影片標題或投影片導言的顧問公司或企業。若要具體說明投影片的內容，本書建議同時輸入投影片標題與投影片導言。有時也會看到將投影片導言放在投影片下方的資料。本書建議，將投影片導言與投影片標題一起放在投影片上方，讀者才能同時透過投影片標題與投影片導言快速了解投影片的主題與主張。

042

追加「企業標誌」、「出處」、「投影片編號」

■ 企業標誌、出處、投影片編號可讓投影片更簡單易懂

內容投影片除了主要資訊之外,還需要製作投影片的企業資訊、資訊的根據等次要資訊,因此要在內容投影片加上企業標誌與出處。也為了方便讀者理解,另外再標示上投影片的編號。

插入標誌

①在「投影片母片」畫面點選內容投影片。

②從「插入」分頁點選「圖片」。

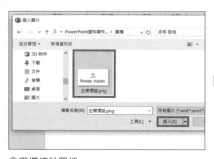

③選擇標誌圖檔。

④將企業標誌貼在右上角的區塊。

插入出處

①從「插入」分頁點選「頁首及頁尾」

②勾選「頁尾」，再點選「全部套用」。

③將頁尾的文字方塊拉至投影片的左端，再將字型設定為MS P Gothic，字型大小設定為10pt，位置設定為靠左對齊。

⑤在文字方塊輸入「出處：」就完成了。

插入投影片編號

①從「插入」分頁點選「投影片編號」，勾選「投影片編號」再點選「全部套用」。

②插入投影片編號了。

6

建立骨架

043 利用「輔助線」清楚標示 投影片的使用範圍

◻ 利用輔助線設定投影片的使用範圍

長期提供各種企業的諮詢服務之後，我發現許多企業在製作投影片的時候，圖片或是文字的左端及右端位置皆未對齊。在顧問諮詢業界裡，哪怕是圖片或文章的邊緣有1mm的誤差，都得立刻修正。雖然一般企業不用那麼講究，但是讓圖片或是文字切齊會讓資料看起來更洗鍊，也能營造正確性與可信度。要讓投影片的元素對齊之前，建議先設定投影片的使用範圍。

設定投影片使用範圍的工具就是「輔助線」功能。只要先利用輔助線指定範圍，就能在每一張投影片正確設定圖片的位置。基本上，圖片的左端要與最左側的輔助線對齊，右端要與最右側的輔助線對齊。

這次要先顯示第一條輔助線，接著以複製的方式，在適當的位置植入輔助線。在畫面按下滑鼠右鍵，選擇「格線與輔助線」，再勾選「輔助線」，畫面就會顯示輔助線。輔助線可拖曳改變位置，按住 Ctrl 鍵再拖曳，就能複製輔助線。

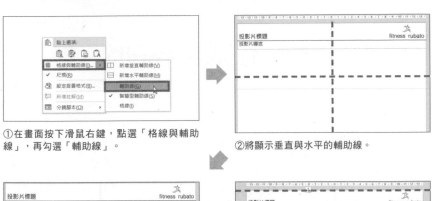

①在畫面按下滑鼠右鍵，點選「格線與輔助線」，再勾選「輔助線」。

②將顯示垂直與水平的輔助線。

③按住 Ctrl 鍵再拖曳，複製輔助線。

④多餘的輔助線可拖曳到投影片外側刪除。

拖曳輔助線的時候會顯示數字，可參考這個數字調整輔助線的位置。假設投影片大小為A4，請讓左端與右端的輔助線位於12.4的位置，上緣為5.0的位置，下緣為8.0的位置。我們將在這個範圍之內輸入圖形、文章與圖表。

接著利用輔助線標示這個範圍的中心點，這條中心線將成為水平均分圖表與圖片時的基準。位於中央的垂直方向輔助線落在0.0的位置，位於中央的水平方向輔助線則落在1.5的位置。

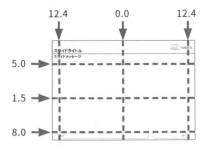

6
建立骨架

044　在「大綱」放入Word的大綱

■ 使用Word建立大綱

到目前為止，內容投影片的版面已經完成了。接著要將第4章設定的故事線（投影片標題與投影片導言）植入PowerPoint。PowerPoint內建了將故事線植入資料的「大綱」功能，可將第4章設定的投影片標題與投影片導言植入PowerPoint，此時若搭配Word，就能快速複製故事線的內容。

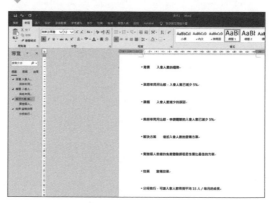

① 在Word輸入故事線

接著要將Excel或筆記本統整的投影片標題與投影片導言貼入Word。請將投影片標題與投影片導言分成不同列，再利用「新增文字」命令，將投影片標題設定為「階層1」，再將投影片導言設定為「階層2」。最後將文字的字型設定為在PowerPoint使用的字型，然後儲存檔案。

①複製Excel表格的投影片標題與投影片導言

②在Word點選「常用」分頁→「貼上」→「只保留文字」，貼入文字。

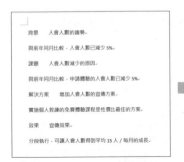

③將貼入的文字分成投影片標題與投影片導言。

④選取投影片標題的文字，再從「參考資料」分頁點選「新增文字」→「階層1」。利用相同的步驟將投影片導言設定為「階層2」。

⑤變更為在PowerPoint使用的字型，然後儲存檔案。

6

建立骨架

② 在PowerPoint開啟Word檔案

儲存Word檔案之後，請於PowerPoint的「常用」分頁點選「新投影片」（點選下面的部分）→「從大綱插入投影片」，再點選在步驟①儲存的檔案，如此一來，就能在投影片插入投影片標題與投影片導言。點選投影片，按下滑鼠右鍵，將投影片版面變更為內容投影片。標題的投影片也利用相同的方法設定為標題投影片。

①從「常用」分頁點選「新投影片」再選擇「從大綱插入投影片」。

②選擇輸入投影片標題與投影片導言的 Word 檔案。

③投影片插入投影片標題與投影片導言。

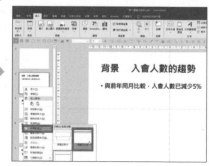

④在左側視窗的投影片按下滑鼠右鍵，再從「版面配置」選擇剛剛製作的「標題與內容」（若以本書而言，就是選擇「內容投影片」）。

⑤投影片的版面改變了。

接著從「檢視」分頁點選「大綱模式」，就會顯示下列的畫面，可發現投影片標題與投影片導言都放入大綱了。

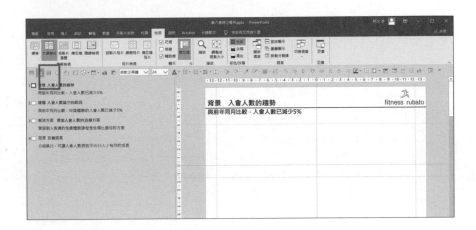

6

建立骨架

企業顧問現場

使用在此介紹的「大綱模式」功能，有助於在資料製作完畢之後，重新檢視故事線。與我一起工作的諮詢顧問公司的董事雖然都在搭乘計程車，前往會議途中才確認資料，卻能在客戶面前侃侃而談地簡報，這是因為也們利用大綱模式顯示投影片標題與投影片導言，再將故事線整個背起來。由此可知，大綱模式是非常適合了解故事線的功能。

大原則

建立資料核心的「標題」、「概要」、「目錄」、「結論」

投影片標題與投影片導言落版成PowerPoint的投影片之後，骨架的全貌也跟著浮現。然後再來製作的是資料的核心，也就是標題、概要、目錄與結論這四種投影片。

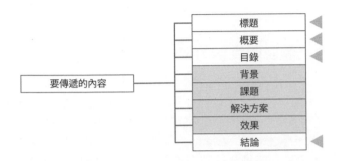

與他人分享資訊時，這四種投影片也是非常重要的元素。例如需要上司確認的資料，就可在投影片標題與投影片導言植入投影片，這四種投影片也完成時，再呈給上司確認。若此時對於架構或結論有意義，也能早一步修正，避免日後大幅修改。

045 製作「標題」、「目錄」的投影片

◘ 利用目錄投影片具體說明資料的架構

第一步要先製作標題投影片與目錄投影片。

① 標題投影片

要在標題投影片追加的是企業標誌、資料標題、日期／製作者、專案資訊／部門資訊、檔案管理資訊與資料版本。版面選用的是「標題投影片」，格式請參考下圖。

日期請輸入使用這份資料的年月日，才能知道資料的製作日期與使用日期之間的準備期有多長，也能在回顧資料的時候，了解資料是於何時使用。字型則與內文一致。

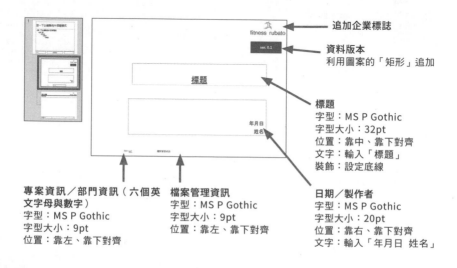

追加企業標誌

資料版本
利用圖案的「矩形」追加

標題
字型：MS P Gothic
字型大小：32pt
位置：靠中、靠下對齊
文字：輸入「標題」
裝飾：設定底線

日期／製作者
字型：MS P Gothic
字型大小：20pt
位置：靠右、靠下對齊
文字：輸入「年月日 姓名」

專案資訊／部門資訊（六個英文字母與數字）
字型：MS P Gothic
字型大小：9pt
位置：靠左、靠下對齊

檔案管理資訊
字型：MS P Gothic
字型大小：9pt
位置：靠左、靠下對齊

如果公司有內定的專案資訊或部門資訊撰寫規則，可於投影片的左下角追加，如果有部門或公司內部管理的檔案管理資訊，則可於專案資訊或部門資訊的旁邊記載。

資料版本會於標準檢視模式裡，以圖案的「矩形」配置在標題的右上角，營造更顯眼的效果。

②目錄投影片

目錄投影片要利用「標題及內容」版面（本書所說的「內容投影片」）製作。**製作目錄投影片可具體說明資料架構**。製作方法請參考下圖。

假設資料太長，除了可在投影片的開頭植入目錄頁面，也可在每一章之間植入目錄頁面，做為章與章的間隔，也讓讀者了解目前閱讀的部分。此時可利用背景強調該章。背景設定可利用圖案功能的「矩形」製作。利用淡色做為填色，再將圖案的框線設定為「無外框」，配置在最下層即可。

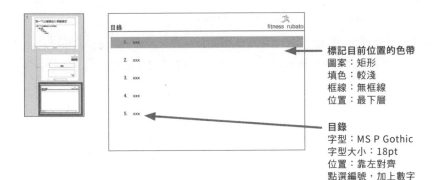

標記目前位置的色帶
圖案：矩形
填色：較淺
框線：無框線
位置：最下層

目錄
字型：MS P Gothic
字型大小：18pt
位置：靠左對齊
點選編號，加上數字

6
建立骨架

046 製作「概要」、「結論」投影片

◾ 概要是過去與現在的部分，結論是現在與未來的部分

概要投影片與結論投影片要套用條列式的格式。外觀雖然簡單，但這兩張頁面可串起過去與現在（概要）、現在與未來（結論），扮演相同重要的角色，換言之，概要說明的是製作資料的過程（過去）與資料的梗概（現在），結論則說明資料的總結（現在）與今後的因應（未來）。

① 概要投影片

概要投影片要利用「標題及內容」版面（「內容投影片」）製作。**概要的功能在於串起過去與現在**。概要投影片會記載製作資料的過程（過去）與資料摘要（現在），讓讀者了解資料的定位與概要，也了解該閱讀的重點。需要過目提案書或企劃書的人通常很忙，如果能從概要了解資料的全貌，絕對是一大加分。

有些人不喜歡一開始就列出資料的結論，但概要是要讓沒時間的人迅速了解資料。重視效率的商場絕對少不了這種以結論優先的西式說明風格。此外，製作概要就是針對整份資料製作摘要，這個作業能幫助製作者整理腦中的思緒。或許一開始沒辦法寫得很順利，但只要多寫幾次，就能學會邏輯思考與寫摘要的能力。

概要

・前次全公司經營會議對前一季中程計畫未能達標的事實進行反省，也指示事業部製作中程事業計畫　　製作資料的過程（過去）

・前一季中程事業計畫為自家公司分析的戰略制定。由於無法確實掌握事業環境與競合戰略，導致實際成績不如計畫所預期
・為此，本事業計畫建議在事業環境與競爭對手的分析投入足夠的資金與時間　　資料摘要（現在）
・如此一來，可為本公司制定更為細膩的中程事業計畫

6

建立骨架

② **結論投影片**

結論投影片要利用「標題及內容」版面（「內容投影片」）製作。**結論投影片的功能在於整理現在與未來，說明的是資料摘要（現在）與今後因應（未來）**。資料摘要的部分幾乎與概要投影片的內容相同即可。由於資料的目的在於「讓人採取行動」，所以在結論投影片提出明確的後續行動是最為重要的一環，務必具體寫出希望對方採取的行動，以及自己的行動。

結論

・前次全公司經營會議對前一季中程計畫未能達標的事實進行反省，也指示事業部製作中程事業計畫
・前一季中程事業計畫為自家公司分析的戰略制定。由於無法確實掌握事業環境與競合戰略，導致實際成績不如計畫所預期　　資料摘要（現在）

・希望能通過以外部資料源進行市場調查的專案
・下次會議將提出市場調查計畫與報價表　　今後因應（未來）

▼ 健身房實例 建立骨架

「我」之前利用Word將投影片標題與投影片導言製作成投影片，接著製作了「標題」、「概要」、「目錄」、「結論」投影片，如此一來，提案書的骨架就完成了。

	投影片標題	投影片導言
標題	增加入會人數的宣傳企劃書	
概要	概要	
目錄	目錄	
背景	入會人數的趨勢	與前年同月比較，入會人數已減少5%
課題	入會人數減少的原因	與前年同月比較，申請體驗的入會人數已減少5%
解決方案	增加入會人數的宣傳方案	實施個人教練的免費體驗課程是性價比最佳的方案
效果	宣傳效果	分段執行，可讓入會人數得到平均15人／每月的成長
結論	結論	

實際製作成骨架

・
・
・

第6章 建立骨架總結

製作投影片版面

□ 利用PowerPoint的「投影片母片」功能設定具有投影片標題欄位、投影片導言欄位、企業標誌、頁面編號的「投影片版面」。

將故事線製作成具體的PowerPoint投影片

□ 接著利用PowerPoint的「大綱」功能將故事線（投影片標題與投影片導言）製作成PowerPoint的投影片。

□ 要將故事線製作成PowerPoint的投影片時，可使用Word。

製作標題、概要、目錄、結論的投影片

□ 標題投影片要放入日期、資料版本。具有這些詳盡資料才方便後續管理。

□ 概要投影片與結論投影片是特別重要的投影片，因為概要投影片的功能在於說明資料製作的過程（過去）與資料摘要（現在），結論投影片則說明資料摘要（現在）與今後因應（未來）。

□ 標題、概要、目錄的投影片可配置在資料的開頭，結論投影片則配置在資料的結尾。

PowerPoint簡報製作

設定規則的大原則

第7章　設定規則的大原則

既然在第6章製作了資料的骨架，那麼可順勢將第5章蒐集的投影片資訊填入骨架了嗎？其實先替投影片訂立製作內容的規則，才能更有效率地完成投影片，所以本章要介紹製作投影片內容之前的事前準備，也就是訂立製作投影片的規則。後續的第8章條列式、第9章圖解、第10章圖表的內容，都會依照這章訂立的規則製作。

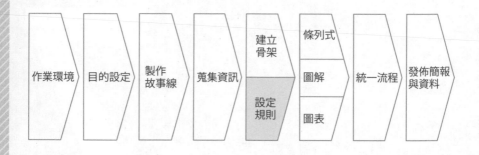

我所隸屬的外資顧問公司對於文字、箭頭、圖形、配色訂有著明確的規則，要提供客戶資料前，所有人都必須檢查資料是否符合格式，所以違反規則的資料絕不會送到客戶手中。**要問諮詢顧問業界有多麼貫徹這項規則呢？大概就是一看到資料就知道出自哪家公司吧**。本章將針對「版面」以及「文字」、「箭頭」、「圖形」、「配色」這四個元素訂立規則。

之所以建議訂立規則，除了對自己有益之外，**與部門或公司採用相同的規則，就能避免在製作資料、分享與整合資料的時候白做工**。我常看到年輕員工浪費大把時間在統一字型或是顏色。如果一開始就訂立共通的規則，就能避免如此浪費時間。此外，根據相同規則製作的資料將有助於提升企業的品牌形象。

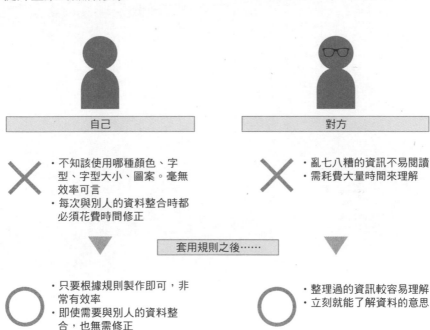

大原則

理解版面的「法則」

設定投影片製作規則之前，要先了解投影片版面的基本邏輯。應該有不少讀者為了將多個圖表、圖解、圖片，塞進一張投影片而不知該如何排版吧？也有不少人都是憑直覺編排版面吧？不過，**版面的編排是有「法則」的。**

基本上，版面的編排是由人眼的移動方向決定。讀者閱讀投影片的時候，視線通常是沿著左下→右上→左下→右下的Z字型移動，所以投影片的資訊也該依照從左至右、從上至下的規則編排。接著，一起來了解投影片版面的法則吧！

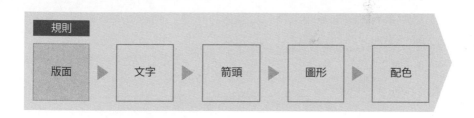

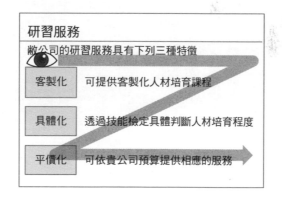

原則 047　投影片的閱讀順序為「由左至右」、「從上至下」

■ 沿著Z字方向，由左至右，從上至下編排

由於讀者閱讀投影片的順序為由左至右、從上至下，所以沿著這個順序配置圖案或圖表顯得格外重要。假設如同下列的投影片配置兩個圖表，最先被閱讀的會是左側的圖表，之後才是右側的圖表，為此，希望讀者先了解的圖表也要配置在左側，之後再將次要的圖表配置在右側。

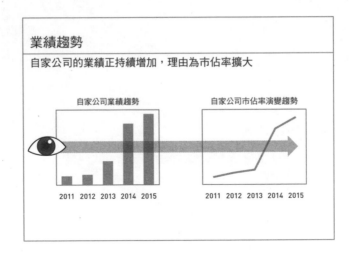

下一頁的投影片則是根據從上至下的閱讀流程配置的例子。這次依照投影片導言的內容順序，從上至下配置相關的資訊。

194

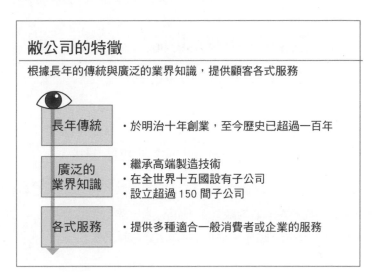

到底該如何決定圖案或圖表在投影片的位置呢？由於視線是沿著Z字的方向移動，所以若將投影片分成四個區域，就能依照左上→右上→左下→右下的順序配置內容。

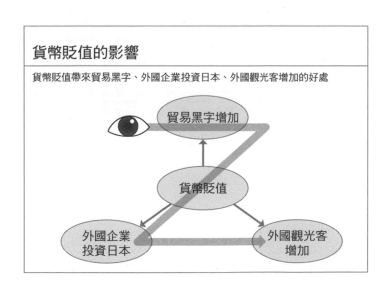

048 投影片可切割成「二分割」或「四分割」的版型

■ 採用二分割版型可將資訊從左往右依序配置

要在一張投影片塞入多種資訊時，可先分割投影片的版面。**最典型的就是將投影片分割成一左一右的版型**。一如前述，讀者是依照由左至右的順序閱讀，所以也要依照順序，先於1再於2配置資訊。

比方說，想透過兩個圖表佐證投影片導言，可在左右兩個區塊配置圖表。由於想先說明自家公司的業績成長，再說明市佔率擴大的現況，所以在左側配置業績趨勢圖表，並在右側配置市佔率趨勢圖表。

有時候也會採用圖表搭配條列式內容，或圖解加強投影片導言的說服力。此時一樣可將投影片切成兩個區塊，再將圖表、條列式內容、圖解配置在左右兩側。之所以將圖表配置在左側，是希望讀者先閱讀圖表，之後再於右側說明背景因素。

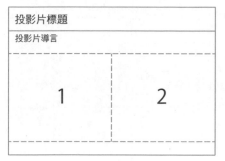
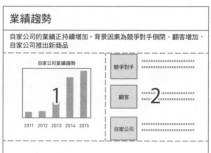

■ 四分割的版型要沿著Z字配置資訊

有時候也會將投影片切割成下列這類四分割的版型。此時，可依照1→2→3→4這種Z字方向配置希望讀者閱讀的資訊。只是這種版型往往會塞入很多資訊，所以盡可能不要使用。

投影片標題
投影片導言

1	2
3	4

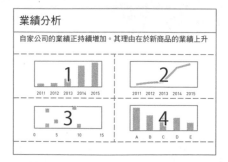

大原則

文字的最高原則
為「方便閱讀」，
裝飾是「多餘的」

舉辦企業資料製作研習課題的時候，偶爾會聽到「想使用各種字型與文字色彩製作出有趣的投影片」。我能了解學員想讓工作更有趣的心情，但歸根究柢，資料只是一種溝通工具，必須設定成簡單易懂的文字格式。

文字格式包含字型、字型大小、顏色以及其他元素，**文字格式未統一的資料，往往有損資料的可信度**，所以會建議先決定文字格式的規則，再依照相關的規則製作資料。

文字格式的規則是根據讀者的屬性決定，基本上要遵守方便閱讀以及避免過度裝飾這兩個原則。

字型太多種

字型統一

原 則

049

字型就選「微軟正黑體」

■ 每種字型都具有不同的印象

每種字型都有自己的特徵，而這些特徵會營造特定的印象，所以要先了解字型營造的印象再挑選字型。舉例來說，「微軟正黑體*（中文內建字型）」與「MS P明朝（MS PMincho）」給人「正式」的印象，「Meiryo」、「Hiragino角go」（只有macOS有）給人「柔和」、「隨性」的印象。

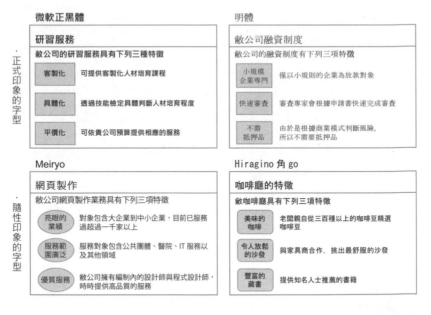

*原書所列的「MS Pゴシック」字型適用於日文簡報，故在此以中文內建的「微軟正黑體」來替代，這個字型在每台電腦中皆可找到，不會出現字型跑掉的問題。若是要製作日文簡報，則可使用「MS Pゴシック」字型。

整理上述字型的特徵與在資料的應用之後，可整理成下列的表格。

	特徵	於資料的應用
微軟正黑體	適用於標題，具有較正式的印象	商務簡報資料
MS P明朝	適用於內文，具有較正式的印象	手冊
Meiryo	適用於內文，具有較隨性的印象	希望給人多幾分柔和印象的簡報資料
Hiragino角go	適用於內文，具有較隨性的印象（僅macOS才有的字型）	

☐ 微軟正黑體是萬能的字型

製作資料時，我最推薦的是「微軟正黑體」。微軟正黑體是可適用於任何業界資料的萬能字型。「Meiryo」這個字型雖然也很容易閱讀，**但是當對象是有點嚴肅的業界，隨性就有可能變成隨便，所以我才推薦能適用於各種業界的微軟正黑體**。有些讀者可能喜歡明體，但明朝體是適合長篇文章使用的字型，比起PowerPoint，更適用於Word的資料。

有時候會發現資料使用的是MS Gothic（微軟哥特體，日文使用）這種與微軟正黑體（建議於中文系統使用）相近的字型。但要注意的是MS Gothic是所有字型縱橫粗細均等的字型，一旦字距拉寬，投影片會變得難以閱讀，所以還是建議使用文字寬度已經過適當調整，且符合教育部國字標準字體標準的微軟正黑體字型。

 微軟正黑體　字型的特性

 MS Gothic　字型的特性

■ 英文字型就選Arial

此外，較推薦的英文字型為「Arial」，理由與微軟正黑體一樣，都是適用於商務的萬能字型。假設是中英文混合的文章，建議替中文與英文選擇不同的字型，而不是讓字型互相遷就。

調整中英文字型的方法如下。

①點選「檢視」分頁，再點選「投影片母片」。

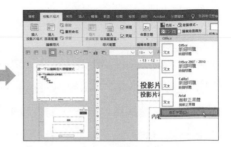

②點選「字型」，再點選「自訂字型」

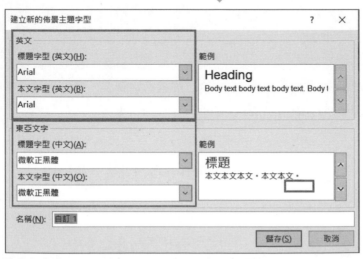

③設定「英文」與「東亞文字」的字型，再點選「儲存」。

原則

050 　文字顏色挑選「深灰色」

■ 深灰色的文字較容易閱讀

一般來說，商務文件都會將文字設定為黑色，但如果想要營造親切的印象，建議設定成深灰色。**深灰色除了可營造親切的印象，也能減少讀者眼睛的負擔。**

灰色文字特別適合於目標對象為消費者的服務簡介使用，但是面對的若是金融業界或公共團體這類官方色彩濃厚的對象，則建議使用黑色。

黑色文字的情況	灰色文字的情況
研習服務 敝公司的研習服務具有下列三種特徵 客製化　可提供客製化人材培育課程 具體化　透過技能檢定具體判斷人材培育程度 平價化　可依貴公司預算提供相應的服務	**研習服務** 敝公司的研習服務具有下列三種特徵 客製化　可提供客製化人材培育課程 具體化　透過技能檢定具體判斷人材培育程度 平價化　可依貴公司預算提供相應的服務

黑色文字稍微有點強勢

灰色文字的印象較柔和

051 文字大小就設定「14pt」

■ 發送的會議資料就選用14pt以上的字型大小

接著要介紹的是投影片的文字大小，但不同的投影片元素需設定不同的文字大小，而我推薦的各元素字型大小如下。

· **投影片標題**：24pt
· **投影片導言**：20pt
· **小標**：18pt
· **內文**：14pt

上述是為了在會議也適合紙本資料而使用的字型大小。**為了方便與會人員拿在手上閱讀，建議字型小於簡報資料。**

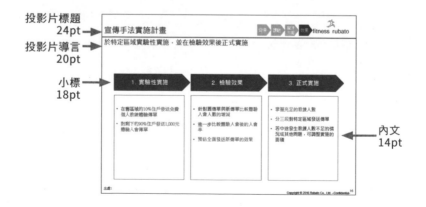

☐ 簡報資料的字型大小要超過20pt

反觀利用投影機顯示的簡報資料，通常會以多人為對象，所以需要放大文字。字型大小的設定雖然也得考慮會場或螢幕的大小，但是當會議室較寬敞，與會人員手邊又沒有資料時，建議最小的字型都要超過20pt以上，也建議如下設定每個投影片元素的大小。

- **投影片標題**：36pt
- **投影片導言**：32pt
- **小標**：28pt
- **內文**：20pt

7

設定規則

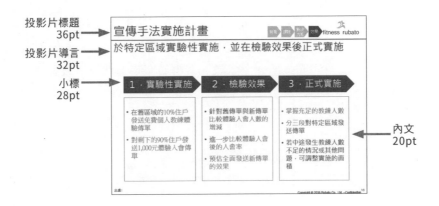

小絕招

要將會議資料換成簡報資料時，通常得改變投影片所有字型的大小，此時能派上用場的就是快捷鍵。先選取所有元素（Ctrl + A），再按下放大字型的快捷鍵（Ctrl + []）。如此一來，即使文字的大小不同，也能做等比例縮放。

使用「底線」與「矩形」這兩種小標

■ 圖表的小標套用「粗體字、底線」這兩種樣式

圖表、圖解的標題通常稱為「小標」，例如下圖的「宣傳投資趨勢」就是圖表的小標。為了讓小標與內文有所區分，可在小標部分加裝飾。讓我們替每種小標決定修飾規則吧！

圖表的小標就套用粗體字與底線樣式。使用文字方塊輸入文字，再將文字方塊的框線設定為「無外框」，接著將文字設定為粗體字。文字的位置設定為「置中」（Ctrl + E）與「置中對齊物件」。底線則可點選「插入」分頁→「圖案」→「線條」，再於文字方塊底下繪製直線。按住Shift再拖曳，就能繪製出水平的直線。

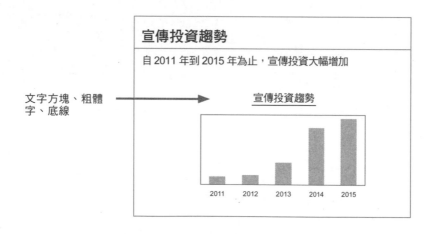

文字方塊、粗體字、底線

□ 條列式的小標使用矩形製作

反觀條列式的小標可利用矩形加框，讓小標比條列式的資料更為搶眼。
點選「插入」分頁→「圖形」→「矩形」，拖曳出矩形外框，再於矩形
輸入文字，最後套用粗體字樣式。

文字的位置與圖表的小標一樣，都是「置中」（Ctrl + E）與「置中對
齊物件」。置中對齊物件的按鈕已新增至快速存取工具列，只要一點便
能立即套用（參考P.504）。

為了讓小標更搶眼，在矩形部分設定顏色。此時框線的顏色可與填色一
致，或乾脆設定成「無外框」，若填色與框線的顏色不同，小標就不夠
搶眼，看起來也不美觀。

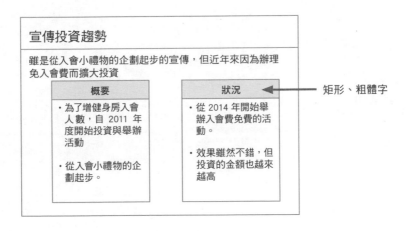

矩形、粗體字

7

設定規則

大原則

利用箭頭控制「讀者的視線」

讀者在閱讀投影片的時候，通常會將視線投向在意的部分，但如果能依照製作者設定的流程閱讀，才能更有效率地了解投影片的內容。我們可以利用「箭頭」來控制讀者的視線，**讓讀者依照我們設定的流程進行閱讀。**

箭頭有強調以及引導的功能，不需多費唇舌就能讓資料變得更簡單易懂。但箭頭的形狀很多，有的像弓箭的頭，有的則是三角形，若不先訂立使用規則，有可能在投影片放入五花八門的箭頭，反而使資料變得難以閱讀。我服務的外資顧問公司也針對箭頭的使用方法制定了詳盡的規範，若是違反規範，絕對會被上司挑出來修正。

接著，介紹哪些情況需要使用哪種箭頭，以及箭頭的顏色、粗細與角度該如何設定。一起來了解箭頭具體的使用規則吧！

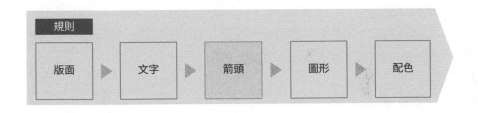

053 箭頭就使用「肘形單箭頭」

■ 箭頭的尖端→顏色設定為灰色，角度設定為90。

一開始先決定箭頭的格式。設定箭頭的尖端形狀、顏色與角度的規則，再根據這項規則製作資料。

① 箭頭尖端的形狀

箭頭尖端的形狀不該是>，而是▶。這種形狀既簡單，又與後續介紹的三角節頭相似，能營造資料統一的設計感。

② 箭頭顏色

箭頭顏色統一為灰色。我常看到藍色或紅色的箭頭，但箭頭的功能在於引導與強調，本身並不需要那麼搶眼。

③ 箭頭角度

箭頭的線條請使用直角的肘形單箭頭。若使用一般的線條箭頭，往往會遇到非得傾斜箭頭的情況，這只會浪費版面的空間，而且箭頭一多，版面就變得凌亂而不易閱讀。

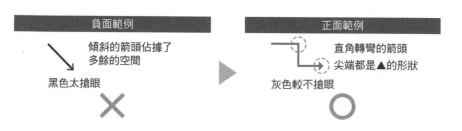

若以投影片示範,就是下列的範例。

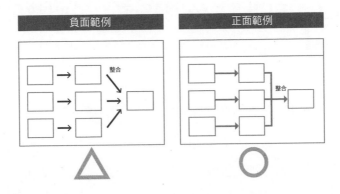

具體的操作流程如下。

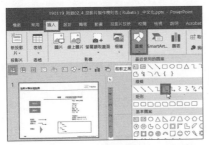

①點選「插入」分頁→「圖案」→「接點:肘形單箭頭」,在投影片上拖曳出箭頭。

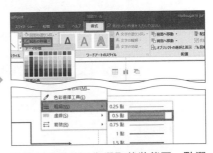

②在肘形單箭頭為選取的狀態下,點選「格式」分頁→「圖案外框」→「粗細」→「2.25 點」。

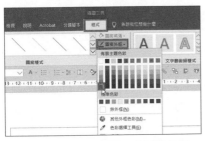

③再點選「格式」分頁→「圖案外框」,然後點選灰色。

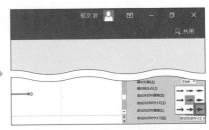

④在肘形單箭頭按下滑鼠右鍵,選擇「設定圖形格式」,再於「結束箭頭大小」點選「9」。

7

設定規則

211

利用「三角形箭頭」說明整體流程

■ 三角形箭頭可說明較大的步驟與匯流結果

除了一般的箭頭之外,熟悉三角形箭頭的使用方法可讓投影片更有說服力。三角形箭頭就是將三角形當成箭頭使用的圖案,主要分成兩種使用方法。第一種是在投影片引導視線由左至右,從上至下移動的情況。

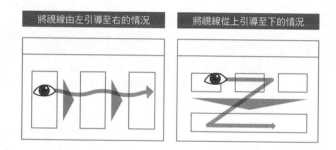

另一種使用方法就是說明多個元素匯流之後的結果。三角形箭頭之所以適合說明匯流之後的結果,在於三角形是底部往頂點匯聚的圖形。

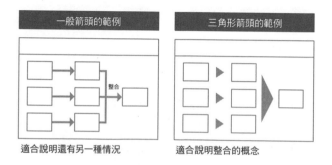

□ 三角形箭頭就使用等腰三角形製作

三角形箭頭的製作方法就是先以圖案功能插入等腰三角形，接著旋轉三角形的角度，再拖曳至適當的位置。三角形的填色為灰色，框線則設定為「無外框」，最後將三角形設定為底邊較長的細長形狀。

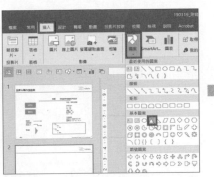

①點選「插入」分頁→「圖案」→「等腰三角形」。

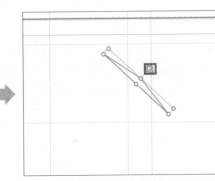

②繪製三角形，再拖曳頂點的旋轉符號，讓三角形旋轉至正確的角度。

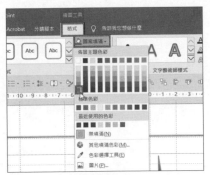

③在三角形為選取的狀態下，點選「格式」分頁→「圖案填滿」，再從中選擇灰色。

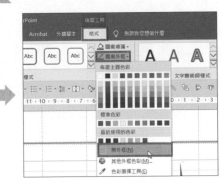

④在三角形為選取的狀態下，點選「格式」分頁→「圖案外框」，再從中選擇「無外框」。

7

設定規則

大原則

圖案可「簡約呈現」
資訊與概念

製作PowerPoint投影片的時候，常常會用到圖案，但很多人不知道正確的使用方法，總是很隨性地使用。我常常看到未制定圖案使用方法，導致投影片的設計缺乏一致性的情況，例如某張投影片的小標使用橢圓形製作，其他張投影片的小標使用矩形就是其中一種例子。

如果毫無章法地使用圖形，就無法透過圖形傳遞想要傳遞的內容，兩者之間的落差就稱為「雜訊」，有礙讀者理解內容，讀者也會有「這份資料怎麼那麼難懂啊」、「這份資料乍看之下，好像很難懂」的感覺。

若能先訂立圖案的使用規則，而不是隨著當下的心情選用橢圓形或矩形，就能讓資料更加簡潔易懂，**而要訂立使用規則，就必須了解各種圖形的特徵**。了解圖形本身的意義之後，再來決定圖形的使用規則。

原則

055

具體資料以「矩形」呈現，
抽象資料以「橢圓形」呈現

□ 了解圖形的特性再使用

利用PowerPoint製作資料時，最常使用的圖形就是矩形，因為**很適合用
來說明「具體的內容、實體的內容」**。比方說，很適合用來標記公司名
稱、會議名稱或部門名稱，反觀常見的圓形、**橢圓形則適合說明「抽象
的內容、概念性的內容」**，例如遠景、問題、創意，都是常以圓形或橢
圓形說明的內容。

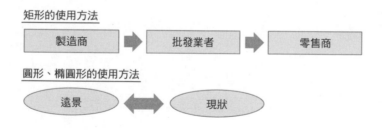

其他常用的圖形還有五邊形及對話框。五邊形很適合用來說明「步
驟」，例如計畫表或是步驟，對話框則常用來說明「註解」。

其他圖形的使用方法請參考下表。正確了解圖形的使用方法,可讓資料更簡單易懂。

設計	形狀	使用方法
矩形 圓角矩形	□□	代表物體、集合體或組織的形狀。也常用做文章的外框使用。盡量避免同時使用矩形與圓角矩形。
橢圓形	○	用於說明概念性的內容
五邊形 山形	▷ ⟫	與說明流程的箭頭具有相同功能,但常用來說明除了流程之外的附加內容(例如步驟或作業流程)
對話框	⬜⬜⬭⬭	用於添加台詞、註解或是圖形的補充內容
流程圖	▢⬡	除了可當成文章或註解的示意圖,也能於追加修正內容或補充說明時使用
星星	☆	於強調注意事項或重點的時候使用

出處:PowerPoint 119(http://www.ppt119.com/lesson/autoshape/autoshape1.html)

此外,有時候會使用爆炸圖來強調某些內容,但看起來不太洗鍊,建議少用,可改用星星圖案強調。

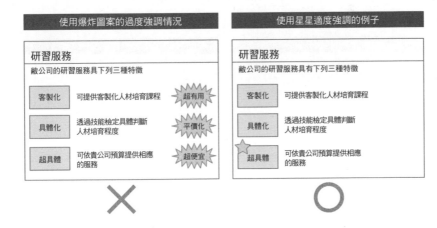

7

設定規則

217

056 艱澀難懂的資料使用「銳角」，
較易理解的資料使用「圓角」

■ 同一份資料別同時出現銳利與圓角的圖案

每種圖案都有自己的質感，例如「銳角矩形」具有「認真、堅實」的印象，「圓角矩形」則有「柔和」的印象。我們必須先了解這些印象，再於適當的時機選用適當的圖案。

給人「認真、堅實」印象的「銳角矩形」使用於「正式資料」使用，印象「柔和」的「圓角矩形」則可於製作「稍微軟性的資料」使用。以官方文件、金融資料這些高牆之內的業界而言，可使用「銳角矩形」製作資料，反觀服飾業、服務業這種業界，則適合利用「圓角矩形」製作較為軟性的資料。要注意的是，銳角與圓角帶給人的印象大不相同，**基本上別讓銳角矩形與圓角矩形同時出現在同一份資料中。**

銳角矩形	圓角矩形
正式資料	較軟性的資料

◻ 銳角搭配明體／哥德體 圓角搭配Meiryo

根據這些圖案的印象選擇字型,可賦予資料一致性。銳角矩形適合搭配筆畫硬實的明體或哥德體,圓形矩形則適合搭配軟性的Meiryo字型。

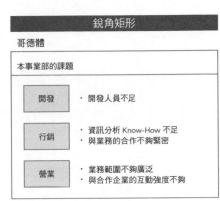

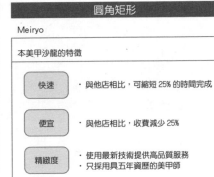

下列是整理上述特徵的表格。

	圖案	字型
堅實印象	銳角矩形	明朝體
		哥德體
軟性印象	圓角矩形	Meiryo

■ 圓角的弧度一定要一致

在PowerPoint繪製圓角矩形時，如果調整圓角矩形的大小，圓角的弧度也會跟著改變，千萬要注意這點變化。大圓角矩形的圓角較圓，小圓角矩形的圓角較尖銳，如果圓角矩形的大小不致，導致圓角的弧度改變，便會破壞資料的一致性。於PowerPoint繪製圓角矩形時，不論矩形的大小為何，請務必讓圓角的弧度一致。

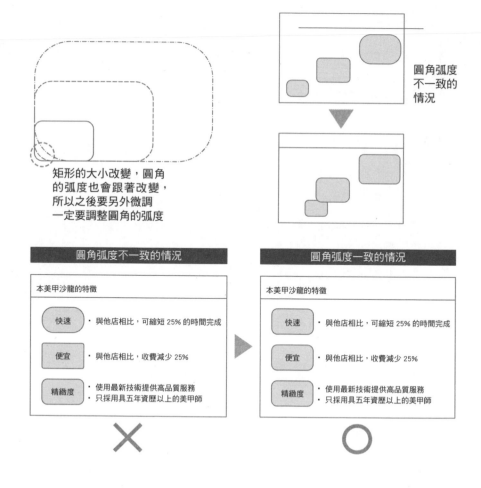

圓角弧度不一致的情況

矩形的大小改變，圓角的弧度也會跟著改變，所以之後要另外微調一定要調整圓角的弧度

圓角弧度不一致的情況

本美甲沙龍的特徵

快速 · 與他店相比，可縮短 25% 的時間完成

便宜 · 與他店相比，收費減少 25%

精緻度 · 使用最新技術提供高品質服務
· 只採用具五年資歷以上的美甲師

圓角弧度一致的情況

本美甲沙龍的特徵

快速 · 與他店相比，可縮短 25% 的時間完成

便宜 · 與他店相比，收費減少 25%

精緻度 · 使用最新技術提供高品質服務
· 只採用具五年資歷以上的美甲師

□ 使用黃色的○調整圓角弧度

接著介紹在PowerPoint調整圓角弧度的方法。先從「圖案」功能插入圓角矩形。選取圖案後，會出現黃色的○，以滑鼠左右拖曳這個黃色的○，就能調整圓角的弧度。越往右側拖曳，圓角的弧度就越圓。

讓圓角變圓的情況

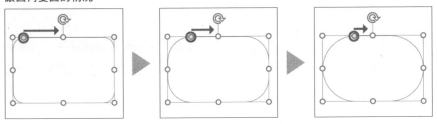

讓圓角變銳的情況

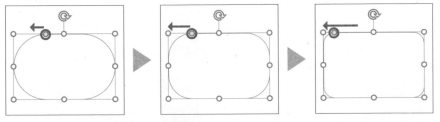

要利用黃色的○微調多個圖案的圓角是件很難的作業，所以若要配置多個大小相同的圖案，不妨以複製&貼上的方式新增相同的圖案，以節省後續微調的時間。

057 | 不要在圖案套用「陰影」

◻ 圖案套用扁平化設計

有些簡報中的圖案套用了陰影樣式或是變得立體，這可能是為了突顯圖案，好讓資料更淺顯易懂，但**陰影與立體這類效果反而會讓資料變得難以閱讀**。要讓資料維持簡單易讀，就得排除多餘的裝飾，請千萬別在圖案套用陰影或立體效果。

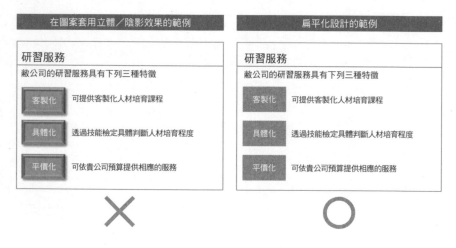

在此採用扁平化設計這種平面、極簡的設計較為理想。扁平化設計會使用無外框與單色的圖案，也與後續說明的圖示（參考P.360）具有高度相容性，是營造資料一致性的絕佳方法。

要取消圖案的陰影可先選擇圖案，再點選①「格式」分頁②「圖案效果」→③「陰影」，再點選④「無陰影」即可。其他的圖案效果也能從「圖案效果」按鈕取消。

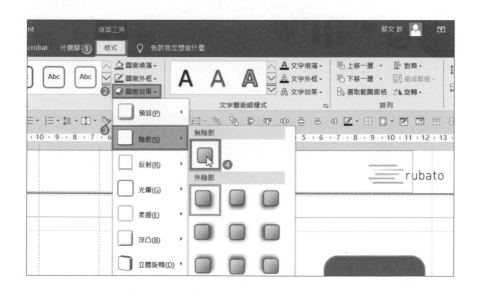

058 讓圖案的留白降至最低

■ 縮小圖案的留白，多留一點文字的空間

要在圖案輸入文字時，常看到有人為了無法完整輸入文字而縮小字型的情況，也看過直接將文字方塊壓在圖案上方的人，但某些圖形的文字縮小後，文字會變得難以閱讀，也無法與其他文字保有一致性。**將文字方塊壓在圖案上面，也只會讓圖案的構造變得更複雜，所以不太建議採用這種方式。**

這裡推薦的方法是先調整圖案的留白再輸入文字。PowerPoint預設的圖案留白較大，可輸入文字的空間較少，所以縮小圖案的留白，就能輸入更多文字。不過要注意的是，就算可以輸入比較多的文字，也不該在圖案塞滿文字，否則將有損文字的易讀性。

一般的留白大小	將留白降至最低的情況
日常業務具體化的 重要性	日常業務具體化的重要性
0.25cm　　　　　0.25cm	

留白的預設值是 0.25cm，所以「重要性」這三個字會被拆成兩行

日常業務具體化的重要性

☐ 透過圖案的格式設定調整留白

接著介紹在PowerPoint調整圖案留白的方法。具體來說，就是將左右的留白從預設的0.25cm調降成0.01cm。在圖案按下滑鼠右鍵，點選「設定圖形格式」，再進行下列的調整。

①在圖案按下滑鼠右鍵，點選「設定圖形格式」

②從「圖案選項」點選「大小與屬性」。

③點選「文字方塊」，再將「左邊界」與「右邊界」設定為0.01cm。

這裡說明的是調整圖案留白的方法，但其實表格的儲存格也一樣能先縮小留白，塞進更多文字。表格儲存格的縮小方法是先選取表格，按下滑鼠右鍵，點選「設定圖形格式」，再沿用上述調整圖案留白的方法即可。左右留白的預設值都是0.25cm，可先調整為0.01cm，就能塞進更多文字。

原則 059　圖案的「垂直與水平」位置要對齊

☐ 利用輔助線對齊垂直與水平的位置

於單張投影片配置多個圖案時，請務必讓圖案的垂直與水平位置對齊，資料看起來才能顯得有條不紊。

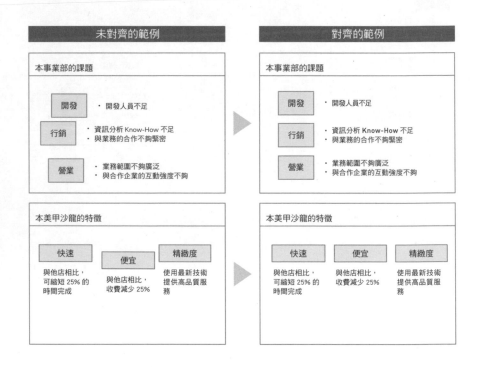

自PowerPoint 2016版本起，就能在移動圖案時，顯示與其他圖案對齊位置的輔助線，如此一來，就能精準對齊圖案的位置。

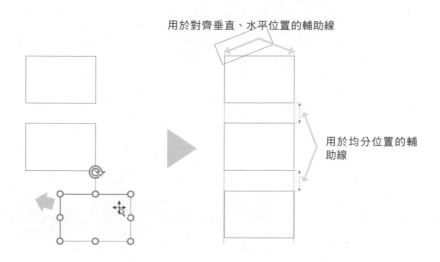

用於對齊垂直、水平位置的輔助線

用於均分位置的輔助線

❏ 利用快速存取工具列快速對齊圖案

PowerPoint內建了對齊圖案的命令。想要垂直對齊圖案時，①先選取多個圖案，再點選②「常用」分頁→③「排列」→④「對齊」→⑤「靠左對齊」、「垂直均分」。若希望對齊水平的高度，可將「靠左對齊」與「垂直均分」的部分換成「靠上對齊」、「水平均分」。如果覺得選單的階層太深，不方便點選，可使用P.46介紹的方法，直接從快速存取工具列點選「靠左對齊」、「靠上對齊」、「垂直均分」、「水平均分」的命令。

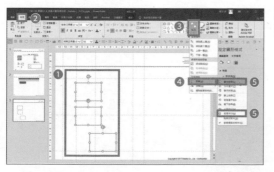

大原則

感性無用！
配色是有「規則」的

配色是資料之中，最容易產生分歧的元素，例如有些企業的研習課題會對配色毫無章法的資料進行修改，每當向製作者提問「為什麼使用這麼多顏色」，常常會得到「繽紛的顏色讓人覺得製作簡報是件開心的事」，這種隨個人喜好或心情的資料製作方法，就是破壞簡報一致性的原凶之一。

7
設定規則

企業顧問業界通常訂有配色規則，以防這類分歧的情況出現，顧問也必須在製作資料時，遵循這項規則，一旦使用不對的顏色，就一定會被要求徹底修正，所以在此也建議大家先訂立配色規則再製作資料，**尤其是整個團隊共同製作資料時，一定要先訂立配色規則。**

話說回來，應該有不少人苦於配色的選擇。很多人以為配色需要感覺，但其實配色是有基本規則的，只要照著規則走，沒有感性也能配出有感覺的顏色。接著，讓我們利用「色相環」與「色彩特性」替資料決定適當的配色規則吧！

060 以「色相環」決定配色

☐ 基色與重點色根據色相環來決定

配色是製作資料之際，最令人煩惱的痛點之一，用色不佳，資料變得又髒又醜，導致客戶與上司厭惡的情況並不少見，其原因通常集中於「用太多種顏色」、「選色錯誤」這類問題。

要避免濫用或選錯顏色，可在一開始先挑兩種顏色做為簡報的主要用色，而這兩種顏色分別是**貫穿整份資料的「基色」**以及用於強調的**「重點色」**。挑選「基色」與「重點色」之際，可使用色彩圍成環狀的「色相環」。

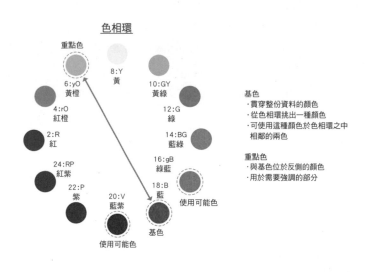

色相環

重點色
6:yO 黃橙
8:Y 黃
10:GY 黃綠
4:rO 紅橙
12:G 綠
2:R 紅
14:BG 藍綠
24:RP 紅紫
16:gB 綠藍
22:P 紫
18:B 藍
20:V 藍紫
使用可能色
使用可能色
基色

基色
・貫穿整份資料的顏色
・從色相環挑出一種顏色
・可使用這種顏色於色相環之中相鄰的兩色

重點色
・與基色位於反側的顏色
・用於需要強調的部分

第一步先決定「基色」，決定之後，左右兩側的顏色為「相近色」，是能於同一份資料使用，也不會顯得突兀的顏色。

接著選用與「基色」位於對向的顏色。這個顏色稱為「重點色」，若是不太顯眼的顏色（例如黃色或黃綠），可選用旁邊的顏色（橘色或綠色）。依照上述的規則選出一種基色之後，加上兩側的顏色以及一種重點色，共有四種顏色可使用，基本上，資料就是以這四種顏色來進行配色變化。

■ 一張投影片別使用太多顏色

單張投影片別出現太多顏色。下列的反面案例因為使用過多顏色，導致投影片缺乏一致性，而依照配色規則正確使用基色與重點色的投影片，讓人更容易閱讀。

061 根據「印象」決定配色

■ 將企業色彩設定為基色

該以哪種顏色為基色，向來是配色時的困擾，此時不妨參考足以體現企業印象的企業色彩。下列就是以「健身房Rubato」的企業色彩（橘色）做為基色的例子

若沒有企業識別色，則可根據色彩給人的原有印象來選擇顏色，例如紅色有活潑、增進食慾的感覺，所以服務業、食品業、外食產業都很常使用，可口可樂或麥當勞就是具代表性的例子之一。黃色具有刺激、引人注目的印象，所以連鎖零售業常使用黃色，YellowHat或松本清便是例子之一。綠色有自然、放鬆的感覺，所以想標榜自然的食品製造商常使用這個顏色，摩斯漢堡、伊藤園等，皆以這個顏色營造純天然的印象。藍色有知性與冷靜的印象，常被IT企業使用， 如IBM或DELL就是最佳範例。

紅色	・活潑 ・促進食欲	・服務業 ・食品業	
黃色	・刺激 ・注意	・連鎖零售業	
綠色	・自然 ・放鬆	・食品製造商	
藍色	・知性 ・冷靜	・IT 製造商	

◻ 利用色彩選擇工具吸取企業標誌的顏色

假設要使用企業標誌的顏色做為企業色彩，建議使用PowerPoint的色彩選擇工具。這項功能可從企業標誌吸取顏色，再將這種顏色套用至資料。

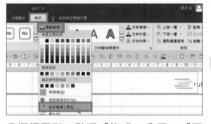

①選擇圖形，點選「格式」分頁→「圖案填滿」→「色彩選擇工具」。

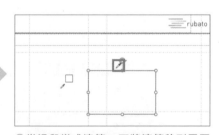

②當滑鼠變成滴管，可將滴管移到需要的顏色，再按下滑鼠左鍵。

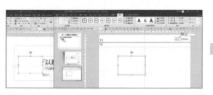

③若想從另一個視窗選取顏色，可將PowerPoint的視窗重疊在具有目標顏色的視窗上面。按住滑鼠左鍵拖曳，並在需要的顏色上方放開滑鼠左鍵。

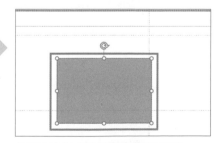

④圖案就會以剛剛選擇的顏色填滿。

7
設定規則

062 背景請務必設定為「白色」

■ 投影片背景為白色，文字則設定為黑色或灰色。

有時候我會看到設定了背景色的資料，看起來固然華麗，卻讓重要的內容變得難以閱讀。為了顧及易讀性，**建議大家把投影片的背景設定為白色，也能加快列印的速度。**

此外，我常看到文字設定了顏色的資料。其實在介紹字型的篇幅（參考P.203）就提過，建議文字的顏色不是黑色就是灰色，尤其商務文件更是如此，有顏色的文字很可能削減了內容的說服力。

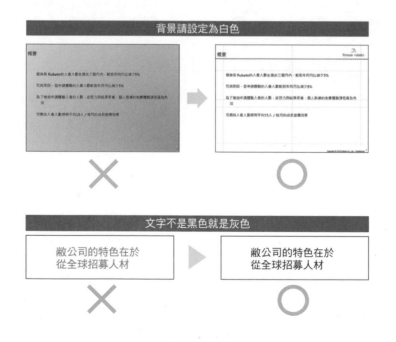

原則

063　圖案不要使用「原色」

□ 投影片不要使用原色

常看到小標或用於強調內容的圖案設定為藍色、紅色與黃色這類原色，但其實原色是印象非常強烈的顏色，不太適合用於資料簡報中，所以就算要使用藍色，建議使用亮度與飽和度都低一點的藍色，資料才比較容易閱讀。

7
設定規則

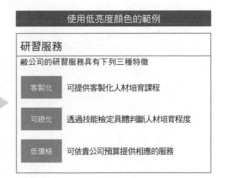

大原則

在投影片套用「規則」

到目前為止已決定了版面、文字、箭頭、圖形、配色的規則，再來就是要將這些規則套入投影片。下例的圖例分成左右兩側，左側是未套用規則的範例，右側是套用規則的範例。從中可以發現，左側的投影片未在字型、字型大小、圖案種類、大小、顏色套用一致的規則，而且圖案的位置也沒對齊，予人一種雜亂的印象；反觀右側的投影片，則在字型、圖案、顏色套用了同一套規則，圖案的位置也已對齊，給人一種容易閱讀的印象。只要像這樣套用同一套規則，就能製作出如此簡單易讀的資料。

決定投影片規則的工具為「規則表」與「預設圖案功能」，在此為大家介紹規則表的製作方法以及應用方法。

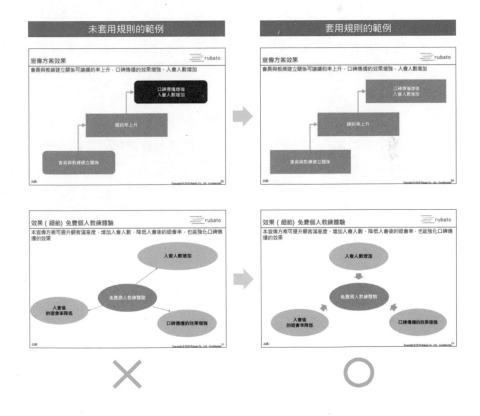

064 利用「投影片製作規則表」達到最佳生產效能

☐ 利用規則表分享所有規則

「建立規則也難以遵守」、「很多人不遵守規則」是許多人共通的困擾。究其原因,不是遵守規則很麻煩,就是忘了規則,所以讓我們將之前建立的投影片製作規則,全部整理成一張「規則表」投影片吧!規則表的效果有下列3項。

① 隨時能夠參考
② 可複製與使用圖形
③ 能與他人分享

尤其第3點的與人分享,是執行業務之際非常重要的部分。口頭告知規則是件非常麻煩的事,也很浪費時間,如果能將所有的規則整理成一張投影片,就能更有效率地宣佈規則。

公司或部門若有規則表可以分享,就能輕鬆整合不同人製作的資料,也能以最小的成本活用現有的資料。

製作可複製的規則表

這次要製作的規則表會如下將條列式（第8章）、字型、圖形、箭頭、顏色及標題的規則全部整理成一張投影片，尤其是條列式、字型、圖形、箭頭這些元素都可直接複製使用。製作投影片的時候，若同時開啟這張投影片，就能隨時複製與使用裡面的元素，而且需要隨著資料調整的元素，例如圖形的顏色，也能預先變更為要於該資料使用的顏色。

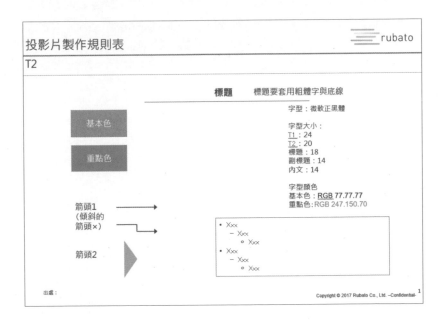

這張規則表可依照P.504的步驟下載，可視需求使用。

利用「預設圖案設定功能」自動套用格式

■ 在文字、圖形與外框設定「預設圖案」

就算建立了規則表，不遵守就沒有任何意義，所以將透過規則表建立的格式設定為PowerPoint的「預設圖案」，就能在新增圖案時，自動套用設定的格式。可設定為「預設圖案」的共有下列3種。

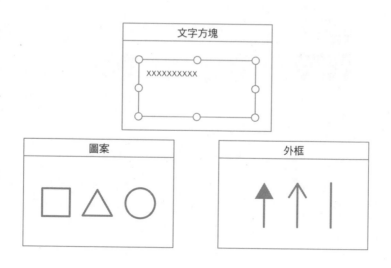

這次以圖案為例說明，但文字方與外框也能以相同的方法設定為「預設圖案」。

□ 按下滑鼠右鍵，設定為「預設圖案」

雖然接著要介紹設定預設圖案的方法，但一開始要先依照規則建立圖案，例如圖案填色、外框顏色、陰影效果、留白、文字的顏色、大小、裝飾、位置、字型以及字型大小，都要依照規則設定。

接著，在**設定了格式的圖案按下滑鼠右鍵**，**再從選單點選「設定為預設圖案」**，如此一來就能將剛剛根據規則繪製的圖案設定為預設圖案。最後可從「插入」分頁→「圖案」選擇新增圖案，確認剛剛設定的格式是否正確套用至新圖案。

這種預設的格式會套用在任何種類的圖案，所以無法以三角形專用格式或矩形專用格式設定預設的格式，而且這種預設格式是內建於檔案之中，只要換了檔案，就無法沿用預設的格式。建議大家為每個檔案設定好預設格式。

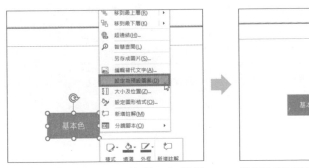

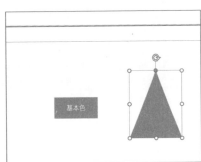

①選擇圖案，按下滑鼠右鍵，再點選「設定為預設圖案」

②插入新圖案，確認是否套用設定的格式

7
設定規則

第 7 章　設定規則總結

□ 為了讓投影片具有統一的調性以及易讀性，必須先替投影片的版面、文字、箭頭、圖形、配色建立規則。

□ 讀者的視線是依照左上→右上→左下→右下的方向移動，所以投影片的版面也該由左至右、由上至下編排。

□ 文字的重點在於易讀性，所以中文字型可選用「微軟正黑體」，英文字型可選用「Arial」。

□ 箭頭有強調、說明順序的功能，使用得宜，資料就會變得簡單易懂。若使用線條箭頭，建議箭頭尖端選用▶，箭頭的顏色則統一為灰色。三角箭頭可用來說明較大的流程或是匯流之後的結果。

□ 常使用的圖案可先設定規則，例如公司名稱、會議名稱、部門名稱這類具體的內容可利用「矩形」標記，遠景、問題及創意這類抽象內容可利用「橢圓形」標記。此外，「銳角矩形」給人認真、艱難的印象，「圓角矩形」的印性則較為柔和。

□ 資料的配色可根據色相環設定基色與重點色。

□ 將設定完成的規則製作成「規則表」投影片，以便後續沿用。

PowerPoint資料製作

條列式的大原則

第8章 條列式的大原則

本章開始,要根據在第7章建立的規則實際製作投影片。投影片的呈現方式共有條列式、圖解、圖表這三種,**其中最基本的當屬條列式**。此外,「概要」或「結論」的投影片也都會使用條列式的格式製作。

一般文章		條列式
顧客會因不了解健身房器材使用方法而沒有意願申請入會。 提供免費的個人教練課程服務,不會造成公司的經濟壓力,又能提顧客服務的品質,教練也能開發新客戶,建議可免費請教練提供課程。	→	・不了解健身房器材使用方法是妨礙顧客申請入會的原因 ・免費的個人教練課程服務並不會對公司造成經濟壓力,也能提升顧客服務的品質 ・教練可開發新客戶,建議可免費請教練提供課程

撰寫者	・不知道自己想說什麼	・要傳遞的內容與重點非常明確
讀者	・文章太長,需要費神閱讀 ・很難深入理解	・能輕鬆閱讀與理解

對讀者而言，條列式的優點在於重點已整理得井井有條，非常容易閱讀；對撰寫者而言，則能快速整理思緒。在閱讀只有文章的資料時，通常得先閱讀文章、掌握內容再理解重點，此時能有多深入的認知，全憑讀者的理解力與撰寫者的行文功力。如果將資料整理成條列式的格式，就能將資訊整理得井然有序，不管讀者的理解力與撰寫者的行文功力如何，便能將資料整理成誰都能輕鬆閱讀的格式。

雖然條列式這麼好用，卻有許多讀者不知該如何使用。若不知道條列式的使用規則，反而有可能製作出不易閱讀的資料。條列式的資料可依照這三個步驟製作。

① 拆解文章
② 階層化
③ 製作

本章要將第5章蒐集到的資訊，以條列式的格式整理到第6章建立的骨架投影片之中。

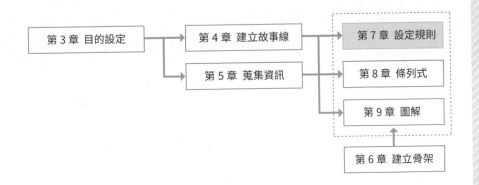

大原則

條列式從「拆解」開始

長年以來，讀過各種資料的感想就是許人不會使用條列式的格式，有些文章寫得冗長，卻沒有整理成條列式的格式，有的雖然整理成條列式，卻未分層編排，有的則把條列式寫得像文章，總之奇怪的例子不勝枚舉，我想，這些多數是因為不知道條列式的規則所致。

雖然這麼多人不會使用的條列式，但只要照著步驟走，誰都能快速製作條列式的資料。如果是不擅使用條列式的人，建議一開始先寫出文章，而不是先套用條列式，再將這篇文章轉化成為條列式的內容。

寫好一般的文章之後，將文章拆解成短句，讓文章縮減為最小單位。此時的短句最好以「動詞」或「名詞」結尾，並利用數字或形容詞讓句子的內容更加具體。

然後再整合成條列式的項目，建議最多不超過3項，因為超過3項，讀者就不易閱讀，然後再依重要程度決定各項目的優先順序，條列式的資料就算製作完成了。

條列式資料要先「拆解再製作」

☐ 先寫文章再拆成短句

若一開始就要先列出文章,可能無法順利完成條列式資料,而且條列式充其量是種格式,能先寫出做為材料的內容才是最重要的步驟。

因此,**請先將要傳遞的內容寫成一般的文章**。一開始不用寫得很有邏輯,只需要把想要傳遞的內容原封不動寫成文字即可。

文字寫好後,再以**標點符號將文章拆解成多個短句**。這裡也不用想太多,只要先拆解成短句即可。

①原始文章

> 顧客會因不了解健身房器材使用方法而不願申請入會,而提供免費的個人教練課程服務並不會造成公司的經濟壓力,又能提升顧客服務的品質,教練也能開發新客戶,建議可免費請教練提供課程。

②以標點符號斷句

> 顧客會因不了解健身房器材使用方法而不願申請入會
>
> 而提供免費的個人教練課程服務並不會造成公司的經濟壓力
>
> 又能提顧客服務的品質
>
> 教練也能開發新客戶,建議可免費請教練提供課程

■ 統整類似的短句

將文章拆解成短句之後，**再整合類似的短句**。隨性寫出的文章很容易出現相容的內容，所以要刪掉多餘的短句，並在短句的開頭設定成條列式的要點（Bullet Points）。

接著，**要釐清每行短句的主語**。由於中文是沒有主語也能成立的語言，於是常常可見沒有主語的句子，所以要在此時插入主語。例如在下列的範例之中，「不知道健身房器材的使用方法，是妨礙入會的原因」就是主語不明確的句子，此時可插入「顧客」這個主語。一旦主語明確，就能確認主語與述語是否互相呼應。

一開始或許不太順手，不妨先寫成一篇略長的文章，再反覆進行拆解成短句的練習，熟悉整個流程後，便能輕鬆寫出條列式資料。

③統整類似的短句

不了解健身房器材使用方法而不申請入會

提供免費的個人教練課程服務不會造成公司的經濟壓力，又能提顧客服務的品質

教練也能開發新客戶，建議可免費請教練提供課程

④追加條列式的要點

・不了解健身房器材使用方法而不願申請入會

・提供免費的個人教練課程服務並不會造成公司的經濟壓力，又能提升顧客服務的品質

・教練也能開發新客戶，建議可免費請教練提供課程

⑤釐清主語

・顧客會因不了解健身房器材使用方法而不願申請入會

・提供免費的個人教練課程服務並不會造成公司的經濟壓力，又能提顧客服務的品質

・教練也能開發新客戶，建議可免費請教練提供課程

8
條
列
式

條列式資料遵守「單句」、「40個字之內」的規則

■ 條列式資料一定要以單句做結

製作條列式資料的時候,一個要點不能寫超過兩個句子,否則就會出現兩個主張,讀者也不容易閱讀。一個要點請務必以單句寫完,**也因為條列式資料一定是以單句組成,所以不需使用句號「。」。**

在下面的範例裡,一個要點同時出現「實施新進員工業務訓練」與「資深業務員進行個別指導」這兩個句子,讀者也必須在一個項目理解兩種內容,此時不妨分成兩個要點,方便讀者閱讀與理解。

整理成單句

業務部的措施

- 實施新進員工業務訓練。資深業務員進行個別指導。

- 從其他公司晉用有經驗的員工

業務部的措施

- 實施新進員工業務訓練

- 資深業務員進行個別指導

- 從其他公司晉用有經驗的員工

☐ 單句長度應限縮於40個字之內

句長度應以40個字為目標。條列式資料的價值在於比一般文章簡潔,所以寫超過40個字,就變得與一般文章一樣,閱讀上會產生壓力,讀者也沒什麼興致讀到最後。為了製作出「適合閱讀的資料」,建議將每一句的字數壓在40個字之內。

要縮短句子,最有效的方法就是剔除過於詳盡的資訊,以下列的範例而言,「生產線」或「從零售店、批發業者回收商品」都是在說明業績減少之際,過於細膩的內容,若省略這部分的內容,就能將句子的長度壓在30字左右。或許會讓人覺得字數有點少,卻足以清楚傳遞要點。

另外,要說明的是,概要與結論投影片的投影片,通常是替整份資料做總結,超過40個字也無所謂。

8

條列式

單句應在 40 個字之內

<u>本季業績減少原因</u>

・工廠生產線混入異物,導致商品出現問題,必須從零售店、批發業者回收商品,也減少 200 億日圓的業績　　53 文字

・因商品換季而出清庫存商品,加上工廠生產舊商品的設備廢棄,所以減少了 50 億日圓的業績　　45 文字

<u>本季業績減少原因</u>

・工廠混入異物,造成商品瑕疵,致使業績減少 200 億日圓　　29 文字

・因商品換季出清庫存以及報廢機械設備,導致業績減少 50 億日圓　　32 文字

條列式資料要以「動詞」或「名詞」結尾

■ 掌握3個重點，寫出簡單易懂的條列式資料

要寫出簡單易懂的條列式資料，必須掌握下列3個重點。

① 主詞一致
② 結尾一致
③ 避免重複

實踐這3個重點，就能寫出非常簡單易懂的條列式資料。

① 主詞一致

條列式的句子要盡可能使用相同的主詞，讀者才能快速理解內容。若不得不使用不同的主詞，則該明確寫出主詞，不要隨意省略。

下一季業績變化

・業績因新商品銷售增加了 30 億日圓

・代理商增設獎勵制度，增加了 20 億日圓的業績
（↑主詞不同）

・業績因業務合作增加了 10 億日圓

下一季業績變化

・業績因新商品銷售增加了 30 億日圓

・業績因代理商增設獎勵制度，增加了 20 億

・業績因業務合作增加了 10 億日圓円

② 結尾一致

條列式句子的結尾應該統一為動詞、形容詞或「名詞」。相同的結尾可讓讀者更快了解內容。下列的例子就是都以「增加」做為結尾。

<table>
<tr><td>

下一季業績變化

・業績因新商品銷售增加了 30 億日圓

・業績因代理商增設獎勵制度，增加了 20 億

・業績因業務合作增加了 10 億日圓

</td><td>

下一季業績變化

・業績因新商品銷售增加了 30 億日圓

・因代理商增設獎勵制度，增加了 20 億

・因業務合作增加了 10 億日圓

</td></tr>
</table>

③ 避免重複

如果條列式的句子之間出現相同的詞彙，可在尚能理解的範圍內予以省略，讓句子變得更簡潔。在下列範例之中，「業績」一詞反覆出現，所以即使省略第二、三句的「業績」，讀者依舊能讀得懂內容。

<table>
<tr><td>

下一季業績變化

・業績因新商品銷售增加了 30 億日圓

・業績因代理商增設獎勵制度，增加了 20 億

・業績因業務合作增加了 10 億日圓

</td><td>

下一季業績變化

・業績因新商品銷售增加了 30 億日圓

・因代理商增設獎勵制度，增加了 20 億

・因業務合作增加了 10 億日圓

</td></tr>
</table>

8
條
列
式

利用「數字」墊高條列式資料的說服力

■ 利用「數字」形塑具體的資料

要讓條列式資料更具說服力，讓資料變得具體化是極有效的方法，數字能讓資料擺脫主觀，進而更為客觀，還能進一步提升說服力。若是放入經過充份調查與研究的內容，提升說服力的效果則更為強烈。建議大家在條列式資料中多用數字說明。

使用具體的數據說明	
問卷結果 ・現場來賓有數百人回答 　- 業者與相關人士佔半數以上 　- 客戶也佔一小部分 ・敝公司新產品得到各界支持 　- 尤以性能頗受好評 　- 價格也得到青睞	問卷結果 ・現場來賓有 525 名回答 - 業者與相關人士佔 62% - 客戶也佔 12% ・敝公司新產品得到 72% 的受訪者支持 - 在五段式評價之下，性能得到 4.5 分的好評 - 其次的價格也得到 4.2 分的好評

□ 用心挑選適當的修飾語

要運用修飾語讓文章變得更簡單易懂，有以下2個重點。

① 拉近修飾語與被修飾語之間的距離

修飾語與被修飾語離得太遠，會導致兩者之間的關聯性變得薄弱，所以務必讓修飾與被修飾的字眼靠近一點。例如「積極地由年輕員工開拓海外事業」可改寫成「由年輕員工積極地開拓海外事業」，才能突顯被修飾的字眼，文章也更容易閱讀。

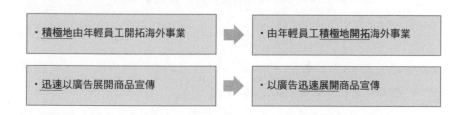

② 短修飾語放得進一點，長修飾語放得遠一點

假設需要使用一長一短的修飾語，建議短修飾語離被修飾語近一點，長修飾語則放得遠一點，否則在短修飾語與被修飾語之間插入了長修飾語，就會看不出何者是短修飾語修飾的詞彙。舉例來說「本季本公司商品的業績持續低迷」，就該改寫成「本公司商品的本季業績持續低迷」才容易閱讀。

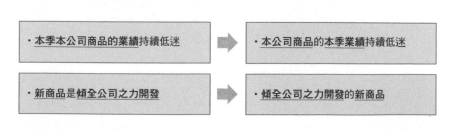

8

條列式

條列式資料可整理成「3個項目」

■ 條列式資料若分成5個項目就太多

雖說條列式資料簡單易讀，但項目數太多，會讓人失去閱讀的興趣，也很難掌握內容，建議將條列式資料的項目控制在3個之內。3這個數字容易讓讀者記住，也是方便說明的數量。如果實在無法將項目數控制在3個之內，最多也不要超過4個。

我曾聽過「項目數要控制在一隻手數得完的數字（5個）」這種說法，但**我覺得讀者其實很難記住5個項目**。例如，比起行銷4P（Price、Place、Promotion、Product），要想起波特五力分析（現有廠商的競爭強度、新加入者帶來的威脅、替代性產品造成的威脅、供應商的議價能力、購買者的議價力量）有哪些內容會比較難，我認為與項目的多寡很有關係。

業務部的措施	業務部的措施
·實施新進員工的業務訓練課程	·實施新進員工的業務訓練
·實施新進員工的業務實戰課程	·實施資深業務員的個別指導
·實施資深業務員的個別指導	·從其他公司晉用資深人才
·採用人力公司介紹的資深人才	
·從其他公司挖角業務員	

項目多達 5 個，不易閱讀　　　　　項目只有 3 個，簡單易懂

☐ 統整語義類似的句子，減少項目數

如果條列式資料有4～5個項目，盡量統整語義類似的句子，讓項目數減少至3個。在下列的「業務部的措施」範例之中，「實施新進員工的業務訓練課程」與「實施新進員工的業務實戰課程」都是新進員工的訓練課程，所以可統整成「實施新進員工的業務訓練」。

此外，「採用人力公司介紹的資深人才」與「從其他公司挖角業務員」都是採用資深人才的意義，所以可統整為「從其他公司採用資深人才」。像這樣縮減項目數，就能整理出讓讀者覺得簡單易讀的內容。

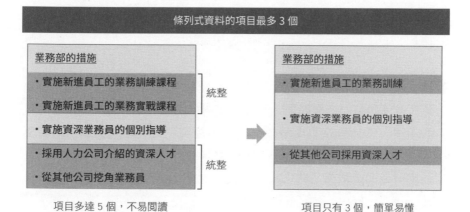

條列式資料要依照「重要度」、「時間軸」、「種類」排列順序

■ 條列式資料的順序有3條規則

條列式資料也得依照規則決定順序，才能讓讀者了解撰寫者的想法，內容才會更簡單易懂。決定條列式資料順序的方法主要有下列3種。

① **重要度**
② **時間軸**
③ **種類**

① 重要度

重要度就是依照金額高低、震撼力強弱或讀者興趣多寡排列資料順序的手法，下列是說明業績減少原因的範例，其中最具震撼力的當屬「商品問題-200億」的原因，所以這個原因放在第一順位，接著再依震撼力強弱的順序，將「匯率變動-100億」與「商品換季-50億」排在第二、三順位。

本季業績減少原因
・商品問題 -200 億
・匯率變動 -100 億
・商品換季 -50 億

重要度

② 時間軸

時間軸就是依照時間順序排列條列式項目的手法。為了強調順序，有時會將開頭的要點換成數字。下列是說明本季成本控管策略的範例，一開始依照時間順序將「於1月實施業務部裁員」排在第一順位，再依序排列5月與8月的策略。

本季成本控管策略
・於 1 月實施業務部裁員
・於 5 月將全國 10 家分店整合為 4 家分店
・於 8 月將海外分店從 10 家縮減成 6 家

時間軸

8

條列式

③ 種類

種類就是依照種類區分內容的手法。很常見的手法是先透過③的種類區分資料，再依照①重要度或②時間軸分類條列式項目的內容。以下是業務部採用人才的範例，其中的「實施新進員工的業務訓練」與「實施資深業務員的個別指導」都是人才培育的部分，所以統整為前半段內容，而且「實施新進員工的業務訓練」又比其他項目早實施，所以配置在第一順位。「從其他公司採用資深人才」的部分則屬於採用人才的內容，所以配置在人才培育的兩個項目之後。

業務部的措施
・實施新進員工的業務訓練　┐
・實施資深業務員的個別指導　┘ 人才培育
・從其他公司採用資深人才 ── 人才採用

種類

條列式資料的
「階層構造」是核心

有的條列式資料簡單的只有一層，有的有很多層，**企業顧問通常使用的是多層構造的條列式資料**。比起單層條列式資料，多層條列式資料能進一步整理資訊，也更能傳遞想要傳遞的訊息。

要打造多層條列式資料，必須用心挑選要點的形狀與了解階層的種類，而且為了讓讀者更能了解條列式的階層，也要遵守「邏輯樹」的格式編排資料。接著，為大家介紹打造多層條列式資料時的重點。

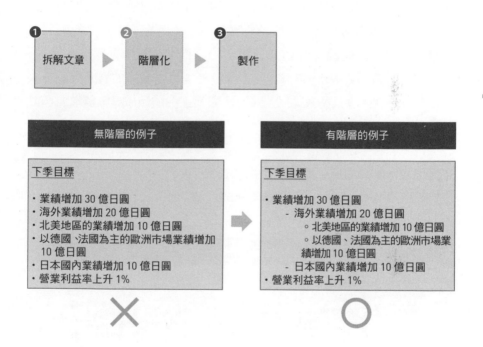

條列式的階層「僅限3層」

■ 條列式的階層最多3層

條列式資料的階層不是越多越好，原則上盡可能不要超過3層，**一旦多於3層，資訊量就太多，也很難理解**。下個範例是下季目標的條列式資料，其中將「歐洲市場10億日圓」的目標細分為「德國市場5億日圓」、「法國、英國市場3億日圓」的目標，但這麼多的資訊反而讓人難以理解。將內容統整為「以德國、法國為主的歐洲市場業績增加10億日圓」，才比較容易閱讀。

想呈現更多細節資訊，應利用小標代替條列式（參考P.280）。條列式資料的階層構造也可用一些功能快速設定，詳情將在P.273頁說明。

條列式資料的階層最多 3 層

階層	下季目標
1	・業績增加 30 億日圓
2	・海外業績增加 20 億日圓
3	・北美地區的業績增加 10 億日圓
3	・歐洲市場的業績增加 10 億日圓
4	・德國市場的業績增加 5 億日圓
4	・法國、英國市場的業績增加 3 億日圓
2	・日本國內業績增加 10 億日圓
1	・營業利益率上升 1%

階層	下季目標
1	・業績增加 30 億日圓
2	・海外業績增加 20 億日圓
3	・北美地區的業績增加 10 億日圓
3	・以德國、法國為主的歐洲市場業績增加 10 億日圓
2	・日本國內業績增加 10 億日圓
1	・營業利益率上升 1%

✕　　　　　　　　　○

■ 利用要點的形狀釐清階層構造

條列式的階層構造會利用不同的要點形狀標記不同的階層，建議使用下列順序的要點。「·」為第一層，「－」為第二層，「○」為第三層。這只是我個人的建議，當然也可以使用其他形狀的要點（例如「▷」、「→」），唯獨要注意的是，於單份資料使用的要點應該統一形狀。有關要點的設定方法將於P.274說明。

「 」→「－」→「 」

下列的範例雖以縮排格式標記不同的階層，但所有的要點都是「·」，導致階層構造不夠明確，改成「·」、「－」、「。」的要點，就可看出階層構造變得明確。下列右側範例在不同的階層使用不同的要點，讓讀者一看就知道階層構造，也更能了解條列式資料的內容。

要點的應用

下季目標

階層	
1	·業績增加 30 億日圓
2	·海外業績增加 20 億日圓
3	·北美地區的業績增加 10 億日圓
3	·以德國、法國為主的歐洲市場業績增加 10 億日圓
2	·日本國內業績增加 10 億日圓
1	·營業利益率上升 1%

✕

下季目標

階層	
1	·業績增加 30 億日圓
2	－海外業績增加 20 億日圓
3	。北美地區的業績增加 10 億日圓
3	。以德國、法國為主的歐洲市場業績增加 10 億日圓
2	－日本國內業績增加 10 億日圓
1	·營業利益率上升 1%

○

073 以「前因後果、細節、實例」這3種模式建立階層

■ 條列式資料有3種「階層模式」

有些人覺得要建立條列式階層很難，但其實最具代表性的條列式階層共有3種，其一是說明理由與原因的「①前因後果」，第二種是說明詳盡資訊的「②細節」，最後一種是說明具體實例的「③實例」，設定條列式階層時，可先研究一下資料屬於哪種模式，就能建立讓人一看就懂的條列式階層。

① 前因後果

在第一層說明事實或主張，在第二層說明相關的原因或理由。這是**適合說明一項事實或主張背後，有著多個原因或理由的格式**。下面的範例，在第一層說明「本年度業績增加10%」的事實，並在第二層說明「景氣好轉，市場擴大」、「新商品的業績讓自家公司的市佔率擴大」這兩個業績上升的理由。

```
· 本年度業績增加 10%－事實 ──────────── 事實
  - 景氣好轉，市場擴大 ───────────── 理由
  - 新商品的業績讓自家公司的市佔率擴大 ────── 理由
```

② 細節

這是於第一層列出事實或主張的概要，再於第二層說明**相關詳盡資訊的模式**。若在第一層寫得太詳盡，句子可能會拉得太長，所以只在第一層寫出概要，接著在第二層列出相關的詳盡資料。要注意的是，必須在第二層詳盡解釋第一層的事實或主張。下列的範例，在第一層列出「下半季業績大幅增加」的概要，並在第二層鉅細靡遺說明「上半季狀況」與「下半季狀況」。

・今年度，下半季業績大幅增加 —————————— 概要 　- 德國市場增加 30% —————————————— 實例 　- 法國市場增加 20% —————————————— 實例

③ 實例

這種模式可於**第二層列出說明第一層內容的實例，藉此強化說服力**。雖然與②的「細節」很類似，但「細節」是鉅細靡遺地介紹第一層的資訊，而「實例」充其量是介紹具代表性的例子。以下面的例子而言，第一層是歐洲事業的業績說明，第二層則說明具代表性的地區，例如德國或法國的狀況。德國與法國雖無法代表整個歐洲，但從兩者的狀況已能窺見歐洲事業的現況。

・今年度歐洲事業的業績提升 20% —————————— 概要 　- 德國的業績增加 30% —————————————— 實例 　- 法國的業績增加 20% —————————————— 實例

074 下層要有「多個項目」

■ 下層若只有一個項目就毫無意義

製作條列式資料時，可於下層構造列出多個項目，進一步說明上層構造的項目，所以在設計階層時，可利用下列兩種方法避免下層構造只有一個項目。

① 增加下層構造的項目

若希望下層能具體增加項目，可寫成下層項目佐證上層項目的條列式資料。下列的範例將「固定成本」這種抽象概念細分為具體的「人事費」與「房租」，藉此增加第二層的項目。

下季目標
・營業利益率提升 1%
- 減少固定成本的支出

下季目標
・營業利益率提升 1%
- 人事費減少 5%
- 房租減少 10%

② 將下層項目整合至上層項目

下列範例是將下層項目整合至上層項目的例子，主要是將下層與藝人有關的項目併入上層的句子裡。

宣傳方案
・以電視廣告為主打
- 起用三十幾歲的女藝人為主角
・雜誌廣告則做為輔助宣傳管道

宣傳方案
・起用三十幾歲的女藝人作以電視廣告的主角
・雜誌廣告則做為輔助宣傳管道

▼ 健身房實例　條列式資料

「我」為了在健身房宣傳企劃書說明入會人數的狀況，決定在「背景」投影片使用條列式項目。由於「我」還不習慣條列式的格式，所以先就入會人數的現狀寫了一篇文章，而不是立即製作條列式資料。

接著，將下列的文章拆成字數低於40個字的短句，每一句的結尾都以「動詞」做結，而不是「名詞」，同時盡可能以數字說明資訊，條列式項目也整理成四個。接著依照時間順序決定項目的優先順位，說明從「三軒茶屋店開幕」到「本季入會人數減少」的經過。本次的內容不需要使用階層構造，所以只有一層。「背景」投影片的最終內容如下。

入會人數的趨勢　　　　　　　　　　　　　　　　　fitness rubato

與前年同月比較，入會人數已減少5%

- 三軒茶屋店於兩年前開幕後，來客數順利成長，入會人數也隨著發送傳單→入會體驗 →入會的流程增加

- 但是，本季的入會人數較前年同月比減少5%

- 從競爭對手沒有特殊舉動來看，有可能是有需求的顧客都已入會，導致入會人數的成長鈍化

- 也接到競爭對手準備增設新健身房的傳聞，所以必須事先研擬相關對策

出處：　　　　　　　　　　　　　　　　　　　Copyright © 2016 Rubato Co., Ltd. –Confidential– 4

8

條列式

075 | 透過條列式說明「邏輯結構」

■ 條列式與「邏輯樹」對應

到目前為止，介紹了幾種條列式的階層構造，但其實條列式的每個階層都會與邏輯樹的每個階層相對應。邏輯樹就是將上層資訊分解至互無遺漏、彼此獨立（MECE）構造的樹狀圖。常於製作資料應用的邏輯樹會透過充份的證據說明上層的主張，再以完善的事實提供相佐的證據。

由此可知，邏輯樹非常適合說明主張的邏輯構造。不過，在PowerPoint使用邏輯樹會佔用投影片非常多的版面，所以在製作簡報時，**使用只有句子，不佔版面的條列式架構，會比使用邏輯樹來得適當。**

一邊想著邏輯樹的架構，一邊整理出互無遺漏、彼此獨立的資料，然後整理成條列式的構造，就能簡潔有力地傳遞想傳遞的內容，讀者也比較能不費力地了解內容的邏輯構造。

邏輯樹　　　　　　　　　　　　使用的要點

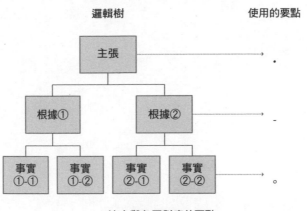

・決定與各層對應的要點

條列式資料

・主張
　- 根據①
　　。事實①-①
　　。事實①-②
　- 根據②
　　。事實②-①
　　。事實②-②

邏輯樹　　　　　　　　　　　　條列式構造

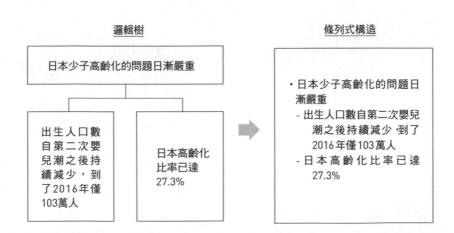

大原則

建立條列式資料的「流程」

本章最後，要介紹幾個製作條列式資料的Tips。**製作條列式資料時，千萬不要直接輸入「·」（要點）**。若使用此方法製作，會在換行時，第二行的開頭出現兩個要點，也有可能導致句子的開頭無法對齊。PowerPoint內建了製作條列式資料的命令，可幫助我們快速完成條列式資料的製作。

此外，在條列式資料附註「小標」可讓內容更簡單易懂。此時的「小標」如同每個條列式資料的「標題」，讀者可因此粗略掌握條列式的內容，大幅減少閱讀上的負擔。

手動輸入要點的情況	使用 PowerPoint 功能製作的情況
←句子開頭未對齊	
·不了解健身房器材使用方法是妨礙顧客申請入會的原因 ·　免費的個人教練課程服務並不會對公司造成經濟壓力，也能提升顧客服務的品質 ·教練可因此開發新客戶，建議可免費請教練提供課程	·不了解健身房器材使用方法是妨礙顧客申請入會的原因 ·免費的個人教練課程服務並不會對公司造成經濟壓力，也能提升顧客服務的品質 ·教練可因此開發新客戶，建議可免費請教練提供課程

↑第二句的開頭與黑點的位置不該對齊

076

「自動」完成條列式資料

■ 使用文字方塊+項目符號命令

條列式資料從在投影片插入文字方塊開始,接著**點選項目符號命令**,文字方塊就會切換成條列式模式,此時在文字方塊輸入文字,就會自動追加要點,完全不需要手動輸入。

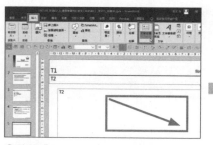 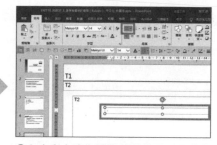

①點選「插入」分頁,再點選「文字方塊」。在投影片拖曳出文字方塊。

②在文字方塊為選取的狀態下,從「常用」分頁點選「項目符號」按鈕,文字方塊就會切換成自動插入要點的模式。

③輸入文字之後,自動插入要點。點選ⓒ可顯示下一句的要點。

■ 條列式資料的階層利用 Tab 鍵建立

接著要建立條列式資料的階層。利用滑鼠從「常用」分頁點選「增加清
單階層」，也可建立條列式資料的階層，但這裡要使用 Tab 鍵建立。一
開始先輸入所有條列式的內容，接著將滑鼠游標移動到屬於下層資料的
句子開頭。若有很多句，先以滑鼠圈選。按下 Tab 鍵之後，就會自動套
用縮排樣式（要點前方的空間）。這個縮排代表這個句子屬於下層資
料。如果按下 Shift + Tab 鍵，可取消縮排，恢復成原本的階層構造。

輸入文章 　　　　　　選取屬於下層 　　　　　　按下 Tab 鍵
　　　　　　　　　　　資料的句子 　　　　　　　套用縮排樣式

若想調換條列式資料的順序，可選取要移動的句子，再按下 Shift + Alt
+ ↓ 鍵，該句子就會移動到下方。若按下 Shift + Alt + ↑ 鍵，可往上移動。
這個快捷鍵與Word的條列式操作完全相同，大家不妨先記住吧！

①選擇要移動的資料 　　②利用 Shift + Alt + ↑ 鍵 　　③結束移動
　　　　　　　　　　　　移動到需要的位置

自訂「要點」

☐ 自訂條列式的格式

利用縮排建立階層構造後，最後就是自訂要點。縮排搭配要點，可讓讀者一眼看出完整的階層構造。

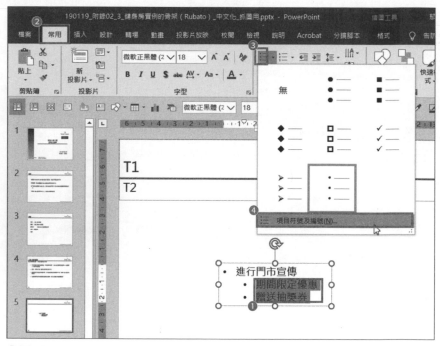

①選取要變更要點的句子，再從②「常用」分頁點選③「項目符號」命令的▼，開啟項目符號視窗。點選「項目符號及編號」。

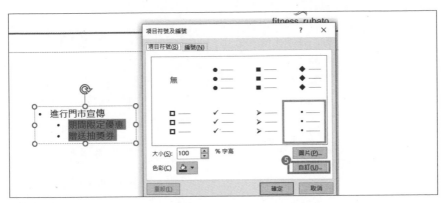

⑤點選「自訂」。

在此可選擇需要的要點，若要使用我推薦的要點（參考P.263），可如下設定。

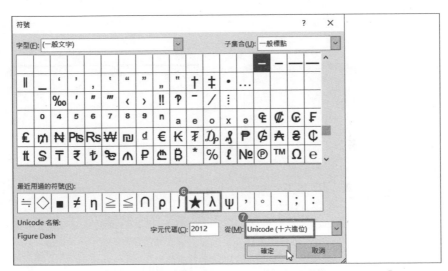

在⑥「字元代碼」輸入下一層的編號。若要設定的是第二層的編號，可輸入「2012」，套用「－」。若要設定第三層的編號可輸入「25E6」，套用「○」（第一層不需要輸入，因為一開始就套用「·」）。最後點選⑦「確定」即可完成設定。如果覺得很麻煩，可直接從P.506的規則表複製。

8
條列式

利用「尺規」調整條列式資料的位置

■ 利用尺規與定位點決定位置

尺規可控制要點、句首的位置，也能調整各階層的縮排空間。

①在畫面裡按下滑鼠右鍵，再勾選「尺規」選項。

②點選條列式資料的文字方塊之後，尺規會顯示定位點符號。拖曳定位點符號可調整要點與句首的位置。

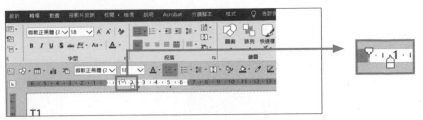

③點選條列式資料的文字方塊之後，尺規會顯示定位點符號。拖曳定位點符號，可調整要點與句首的位置。

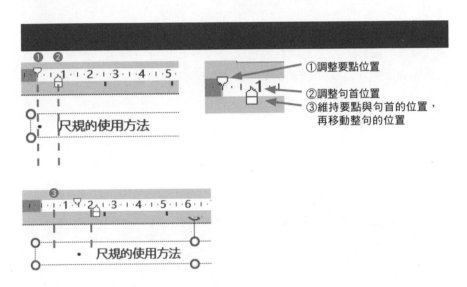

①調整要點位置
②調整句首位置
③維持要點與句首的位置，再移動整句的位置

要注意的是，在此設定的條列式資料無法套用在新增的檔案裡。重新設定實在很麻煩，建議在新增檔案時，直接複製設定了條列式規則的投影片。此外，若以Tab鍵調整段落，要點也不會自動轉換，所以最好採用「複製&貼上」的方式來調整每個段落的要點。

條列式資料的行距
應為「6～12pt」

■ 利用段落之前的空間突顯獨立性

條列式資料完成後，最後一個步驟是調整行距。**調整行距可輕鬆突顯條列式資料的獨立性**。在下列範例，第一段條列式資料與第二段條列式資料的距離太近，讓人不方便閱讀。此時若能調整行距，就能讓段落更加明確、易讀。

有些人會以換行的方式植入行距，但這樣反而會使行距變得太寬，難以閱讀，請大家在此學會微調行距的方法。

調整行距前	調整行距後
下季目標	下季目標
・業績增加 30 億日圓 　- 海外業績增加 20 億日圓 　- 國內市場增加 10 億日圓 ・營業利益率提升 1% 　- 人事費減少 5% 　- 房租減少 10%	・業績增加 30 億日圓 　- 海外業績增加 20 億日圓 　- 國內市場增加 10 億日圓 ・營業利益率提升 1% 　- 人事費減少 5% 　- 房租減少 10%

第一段與第二段的資料太接近

✕

第一段與第二段的資料隔開了

◯

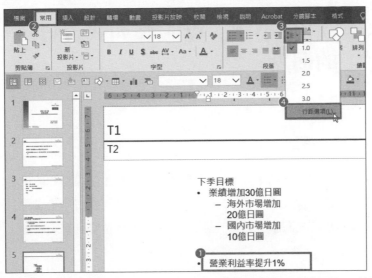

①選取要與上一段內容拉開的句子，再從②「常用」分頁點選③「行距」，接著點選④「行距選項」。

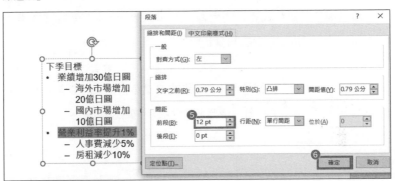

⑤將「前段」設定為「6pt」至「12pt」之間，再點選「確定」。

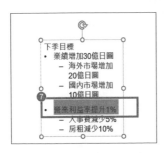

⑦可確認與前一段之間，空出適當的行距。

8
條列式

080 利用「小標」克服條列式資料的弱點

■ 利用小標建立標題

雖然使用條列式的格式可利用短句組成投影片的內容，讓投影片的內容更簡單易懂，但就閱讀文章，了解內容這點而言，條列式資料仍是較長的文章，一樣得花時間閱讀。若要克服這個弱點，可替條列式資料加上「小標」。

這裡說的小標就是各個條列式項目的標題，一旦加上「小標」，讀者就能**毫不費力地粗細了解條列式資料的內容**，也能就小標判斷該項目是否是需要閱讀的部分，大幅減輕閱讀的負擔。

在下列範例之中，左側的投影片利用條列式格式說明本季業績減少的原因。右側的投影片則是加上小標，調整內容之後的結果。

本季業績
因商品問題、匯率、商品換季，導致業績總額減少350億日圓
本季業績減少原因
・ 商品問題 -200 億
・ 匯率變動 -100 億
・ 商品換季 -50 億

本季業績
因商品問題、匯率、商品換季，導致業績總額減少350億日圓
本季業績減少原因
商品問題　　-200 億
匯率變動　　-100 億
商品換季　　-50 億

這個範例的條列式資料是由原因與影響組成,所以將原因設定為小標。例如「商品問題-200億」的原因是「商品問題」,影響則是「-200億」,所以將「商品問題」設定為小標,並將「-200億」設定為內文。依此要領,也可將「匯率」與「商品換季」設定為小標。

◻ 利用矩形製作小標

製作小標可使用圖案。範例示範的是利用銳角矩形製作小標,但其實可依簡報的型態改用圓角矩形製作。

①從「插入」分頁選擇「圖案」,再點選「矩形」。

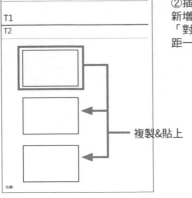

②插入製作小標所需的矩形之後,以複製&貼上的方式新增其他兩個矩形,再垂直排列這些矩形。此時可利用「對齊物件」命令,讓這些矩形的邊緣對齊,同時讓間距一致(參考P.51)。

複製&貼上

③接著追加文字方塊，以便輸入文字。從「插入」分頁點選「文字方塊」。

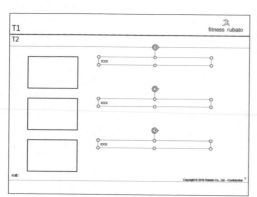

④插入適當大小的文字方塊，然後再複製&貼上剛剛插入的文字方塊，接著垂直排列。

最後在矩形與文字方塊輸入對應的資訊。矩形的文字不是在矩形壓上文字方塊再輸入，而是直接在矩形輸入。可將矩形設定為較搶眼的顏色，顏色設定方式請參考P.230。

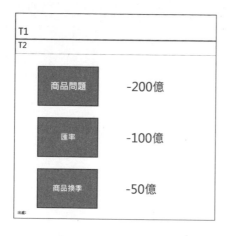

▼ 健身房實例 小標與條列式資料

「我」為宣傳企劃擬訂了三個方案，並在「解決方案」投影片說明這三個方案。分別利用文字方塊與條列式格式，將這三個方案設定為「免費體驗傳單」、「免費個人教練體驗」、「會員朋友免費體驗」。

實際製作投影片之後，發現這三個方案似乎太長，沒辦法很快看懂。為了方便忙碌的部長閱讀，有必要寫得更簡潔，所以我在條列式資料加了小標，再於矩形輸入各方案的名稱，接著在文字方塊輸入詳細的說明，整張投影片也變得更加簡單易懂了。

8

條列式

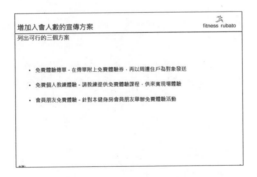

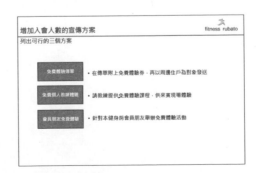

第8章 條列式資料總結

□ 只要依照①拆解文章、②階層化、③製作的流程製作條列式資料，誰都能輕鬆完成。

□ 製作條列式資料之際，可先寫出文章，再以標點符號斷成短句。

□ 「單句」的字數「不要超過40個字」。

□ 句尾最好是動詞或名詞，也盡可能利用「數字」與「修飾語」具體表達訊息。

□ 條列式資料的項目可依照①重要度、②時間軸、③種類決定排列順序。

□ 下層的條列式資料盡可能不要只有「一個項目」，否則就該分成多個項目或是與上層的項目整合。

□ 條列式資料最多「三個項目」，階層也盡可能只有「三層」。

□ 階層之間的關係可分成「前因後果」、「細節」、「實例」這三種模式。

□ 條列式資料可利用項目符號命令製作，再利用尺規調整位置。

□ 利用矩形圖案製作「小標」，可讓讀者迅速了解內容的大意。

PowerPoint簡報製作

圖解的大原則

第9章 圖解的大原則

要將資料填入第6章製作的骨架裡，共有條列式、圖解、圖表這三種方法，其中最讓人覺得困難的方法就是「圖解」。不過圖解具有：

· **讀者能在看到的瞬間了解內容**
· **能直覺了解邏輯**

的絕佳效果。要製作「讓人採取行動」、「能獨立閱讀」的資料，圖解絕對是不可或缺的呈現手法。

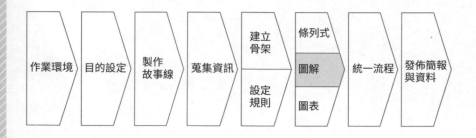

甫成為企業顧問之時，我也曾為了圖解而苦戰一番。完全不知道到底該如何呈現元素，也不知道該如何配置元素，還記得那陣子的簡報常被資深顧問改得滿江紅。

等到熟悉用法之後，圖解才成為我與客戶溝通的一大利器，甚至好幾次都還沒開口解釋，只是打開圖解投影片，客戶便已能理解我想說什麼，而在與外國人溝通的時候，圖解也是一大法寶。我必須說，能多次完成海外專案，全拜圖解之賜。

大部分的人之所以不擅使用圖解，原因往往是「不知道該怎麼使用」。**本章將針對這個問題，依照「選擇圖解」、「製作圖解」、「強調」、「添加表現」的順序介紹使用圖解的方法。**

大原則

基本圖解共有「6種」
可以選擇

製作圖解要從選擇圖解種類著手，而本章將圖解的種類縮減至6種，並且逐步說明每一種圖解的特徵以及使用時機。

在此介紹的基本圖解共有「列舉型」、「擴散型」、「流程型」、「背景型」、「匯流型」與「旋轉型」這6種。其實圖解還有很多種，但是先掌握這6種的使用方法，就能使用更進階的圖解。此外，圖解的名稱是參考竹島慎一郎（2002年）「PowerPointでマスターする攻めるプレゼン 図解の極意」一書來命名。

列舉型

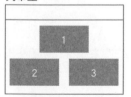

列舉獨立元素的類型

擴散型

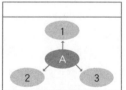

一個元素擴散至
其他元素的類型

流程型

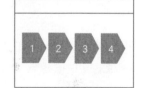

元素沿著時間變化的類型

背景型

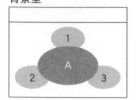

一個元素的背景
有多個元素存在的類型

匯流型

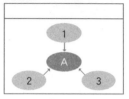

多個元素集約為
一個元素的類型

旋轉型

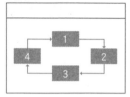

元素依照時間旋轉的類型

081 將「邏輯樹」的內容轉化成圖解

■ 將投影片資訊的邏輯樹架構轉換成圖解

之前在第5章介紹了將投影片資訊整理成邏輯樹架構的方法，主要的流程就是為了說明或佐證投影片導言，先利用框架建立投影片資訊的假說，再根據該假說有效率地蒐集資訊。

用於建立資訊假說的框架主要有三種，第一種是3C或4P這類商業框架，第二種是時間軸框架，第三種是「加法」、「乘法」框架。當時利用這些框架精減了需蒐集的投影片資訊。

再依據投影片資訊的假說進行資訊蒐集。蒐集資訊的重點在於決定蒐集資訊的時間長度，而不是漫無目的地隨便蒐集。

本章要學習的是，如何將這些資料蒐集完成的投影片的邏輯樹架構，轉化成圖解的手法。主要的流程就是先找出邏輯樹的元素之間有何關聯，再依照該關聯性選擇對應的圖解。

投影片導言

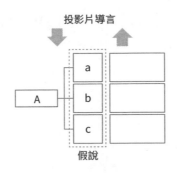

假說

建立投影片
資訊的假說

・建立佐證投影片導言／說
明投影片資訊的假說
・可使用三種框架建立假說
- 3C、4P 這類商業框架
- 時間軸框架
-「加法」、「乘法」框架

投影片導言

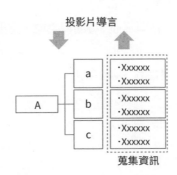

蒐集資訊

蒐集資訊

・根據投影片資訊的假說蒐
集資訊
・重點在於有計畫地蒐集資
訊

9
圖
解

圖解

本章範圍

・將邏輯樹轉換成圖解，讓
抽象的邏輯變得具體易懂

以「時間順序」與「因果關係」選擇圖解

■ 找出資訊的關聯性

根據假說蒐集資訊之後，要將資訊整理成圖解，必須了解樹狀圖的資訊之間有哪些關聯性，此時不妨從「時間順序」與「因果關係」這兩個觀點切入。之後再依照關聯性的性質，**從6種圖解之中，挑出對應的圖解。**

① **資訊位於同階層卻不具因果關係→列舉型**

位於同階層，卻彼此獨立，不在原因與結果上有因果關係的資訊，最適合使用列舉型的圖解說明。例如說明自家公司的特徵，就是其中一例。

② **一個結果的背景有多個原因的關聯性→背景型**

多個元素為單一結果的原因時，最適合使用背景型的圖解說明。背景型通常會於原因與結果同時進行的情況使用。

③ **一個原因與多個結果有關的關聯性→擴散型**

一個原因在經過一定時間後，與多個結果有關的情況，最適合使用擴散型的圖解。

④ **多個原因與一個結果有關的關聯性→匯流型**

多個原因在經過一定時間後，與單一結果有關的情況，最適合使用匯流型的圖解。

⑤ 元素之間具有時間關聯性的情況→流程型

元素之間具有時間順序時，最適合使用流程型的圖解。

⑥ 元素之間具有循環的情況→旋轉型

元素之間為完整的循環時，最適合使用旋轉型的圖解。

下列是上述6種類型的圖解。A、1、2、3為各種資訊，圖中的灰色部分則是實際以圖解呈現的資訊。

①列舉型

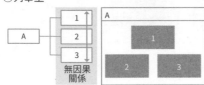

②背景型

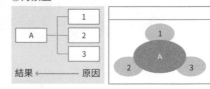

③擴散型

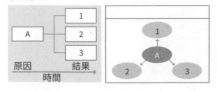

④匯流型

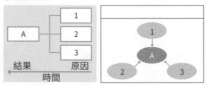

⑤流程型

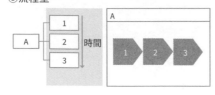

⑥旋轉型

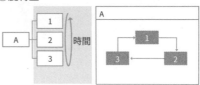

9

圖
解

下列是以具體實例說明前一頁的資訊關聯性的圖解。以背景型的圖解為例,邏輯樹之中的「新商品太晚推出」、「競品降價」、「新的競品上市」是原因,「業績下滑」是結果。由於原因與結果是同時發展,所以選用背景型的圖解呈現。

①列舉型

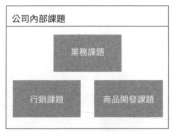

②背景型

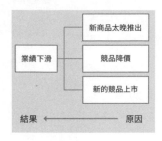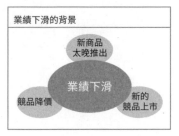

③擴散型

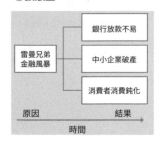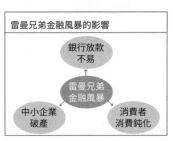

④匯流型

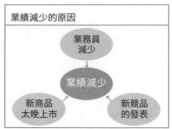

⑤流程型

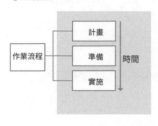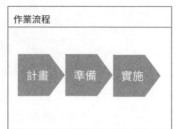

⑥旋轉型

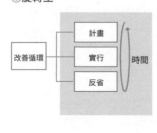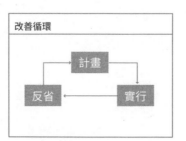

想必大家已經了解根據資訊的關聯性選擇圖解的意思。只要轉換成圖解，讀者就算沒看到邏輯樹，也能憑直覺了解元素之間的關聯性。

基本圖解①
萬能的「列舉型」

■ 多數情況都能套用的「列舉型」

列舉型是多數情況都能套用的萬能圖解，常於投影片的元素彼此獨立時使用。在條列式章節曾提到使用「小標」的投影片（參考P.280），其實就是列舉型的投影片。

萬能的「列舉型」圖解非常容易使用，**在沒有時間製作資料的時候，我通常會選擇列舉型的圖解**。不過時間較為充裕，就會先考慮使用其他5種基本圖解，若是這5種都無法套用，才會選擇使用列舉型圖解。

列舉型圖解會於元素之間互不相關的情況使用。下圖為了說明「自家公司特徵」而列出「豐富實績」、「居家」、「成果主義」，但這3個元素互不相關，所以適合以列舉型圖解整理。

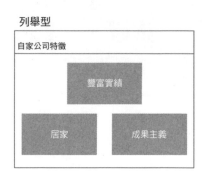

☐ 熟悉列舉型圖解的3種模式

列舉型圖解主要有3種模式，列舉型1可在不需詳盡說明，只列出概念的情況使用。列舉型2、3則可於需要詳盡說明的情況使用。列舉型2與3的差異在於元素數量超過4個以上時，比較適合使用列舉型2的圖解，這是因為以列舉型3的圖解編排4個以上的元素時，句子的寬度會因投影片的水平編排格式而縮短，也會變得不易閱讀。

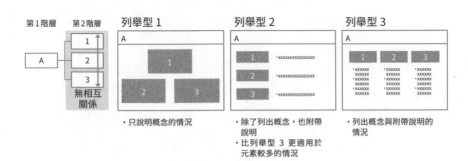

- 只說明概念的情況

- 除了列出概念，也附帶說明
- 比列舉型 3 更適用於元素較多的情況

- 列出概念與附帶說明的情況

下圖利用樹狀圖整理了公司內部課題，而投影片導言則是「業務、行銷、商品開發的課題」。第二層的元素之間不具時間順序或因果關係，是互不相關的情況。由於想附帶說明，所以利用列舉型2的圖解整理。

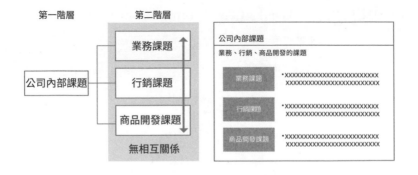

基本圖解②
說明全貌的「背景型」

☐ 要說明原因與結果的全貌可選用「背景型」

背景型圖解，可於單一事象背景存在多個事由的情況使用。背景型雖與列舉型相似，但**比列舉型更適合呈現全貌**。下列為使用背景型圖解的例子。

- **原因與結果**

  業績下滑（結果）←新商品太晚推出、競品降價、新競品上市（原因）

- **整合功能**

  東京本社（整合方）←上海分店、首爾分店、香港分店（被整合方）

- **品牌／商品的管理**

  LVMH（管理）→Fendi、Louis Vuitton、Dior（品牌）

背景型

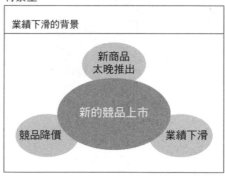

■ 善用背景型圖解的3種模式

背景型圖解主要有3種模式。背景型1可於不需詳盡說明，只列出概念的情況使用。背景型2與3則可於需要詳盡說明的情況使用。若元素的數量較多，可使用背景型2。

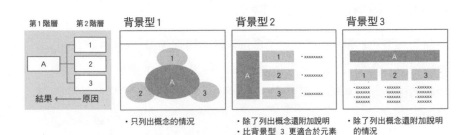

下圖是說明「離職者增加背景」的背景型3投影片。為了說明「加班增加、薪水減少、獨裁經營為離職者增加的背景因素」這個投影片導言，而以樹狀圖整理了相關資訊。樹狀圖的第二層元素沒有時間順序與因果關係的關聯性，屬於互不關聯的元素，所以可使用列舉型或背景型整理。第一階層的「離職者增加」在此為重要元素，所以才選擇能充份呈現第一階層的背景型圖解。

9
圖
解

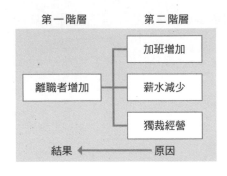

基本圖解③
方便擴散的「擴散型」

■ 利用「擴散型」說明影響

擴散型圖解可於單一元素擴散至多個元素的情況使用。例如邏輯樹的第一階層與第二階層之間,具有時間順序的關聯性,第一階層的原因與第二階層的多個結果相關,都可使用擴散型圖解。下列為使用擴散型圖解的範例。

· **事件與影響**

　貨幣貶值(原因)→貿易黑字增加、海外企業進駐日本、外國觀光客增加(結果)

· **技術發展**

　蒸氣機(基礎技術)→蒸氣船、蒸氣火車、蒸氣幫浦(應用產品)

· **課題的影響**

　業務量增加(原因)→加班時數增加、業務品質下滑、離職者增加(結果)

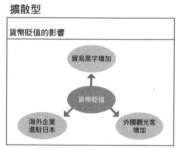

擴散型

貨幣貶值的影響

貿易黑字增加

貨幣貶值

海外企業進駐日本　　外國觀光客增加

□ 善用擴散型的3種模式

擴散型圖解主要有3種模式。擴散型1可於不需詳盡說明，只列出概念的情況使用。擴散型2與3，則可於需要詳盡說明的情況使用。若元素的數量較多，可使用擴散型2。

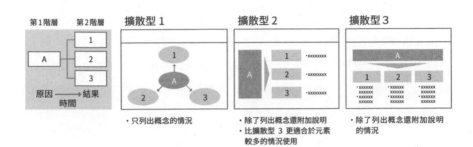

下圖是說明「雷曼兄弟金融風暴的影響」的擴散型2投影片。為了說明「雷曼兄弟金融風暴造成銀行放款不易、中小企業破產、消費者消費鈍化」的投影片導言，而以樹狀圖整理了相關資訊。第一階層的雷曼兄弟金融風暴」為原因，與第二階層的各元素之間互有因果關係，所以適合使用擴散型圖解。由於要附帶說明，建議使用擴散型2圖解。

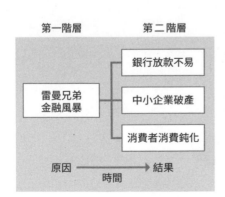

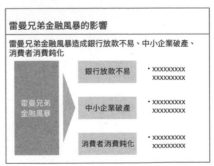

基本圖解④
彙整的「匯流型」

■ 利用「匯流型」說明因果關係與整合過程

匯流型圖解可於多個元素匯流至單一元素的情況使用。換言之，就是**與擴散型相反的類型**。匯流型可於多個原因導致單一結果產生的情況使用，也可於多個元素彙整為單一元素的情況使用。下列是使用匯流型圖解的範例。

· **多個原因與相關的結果**

失去訂單（結果）←部門水平聯絡不足、未能掌握顧客需求、產品不具新意（原因）

· **整合過程**

法人業務部（整合後）←業務1部、業務2部、業務3部（整合前）

iPhone（整合後）←電話、音樂播放器、相機（整合前）

匯流型

iPhone 的誕生

電話 → iPhone ← 音樂播放器、相機

□ 善用匯流型的3種模式

匯流型圖解主要有3種模式。匯流型1可於不需詳盡說明，只列出概念的情況使用。匯流型2與3則可於需要詳盡說明的情況使用。若元素的數量較多，可使用匯流型2。

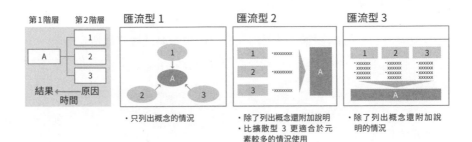

下圖是說明「業績減少原因」的匯流型投影片。為了說明「業務員減少、新商品太晚上市、新競品的發表是業績減少的原因」的投影片導言，利用樹狀圖整理了相關資訊。第二階層的各元素為原因，第一階層的業績減少為結果，兩階層的元素之間具有因果關係，所以適合使用匯流型圖解。由於要附加詳細的說明，所以使用匯流型3圖解。

9
圖
解

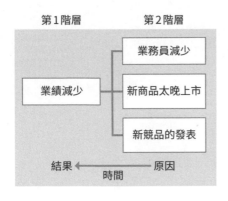

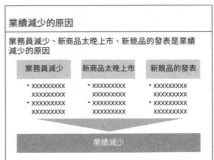

基本圖解⑤
有順序的「流程型」

■ 以「流程型」說明時間順序

流程型圖解可於**邏輯樹第二階層的元素之間具有時間順序的情況**使用。下
列的「作業流程」、「業務流程」、「服務啟始流程」都是流程型圖解
的範例。

・作業流程

計畫→準備→實施→交付

・業務流程

接訂單→確認庫存→製作訂單確認書→寄發訂單確認書

・服務啟始流程

申請資料→申請入會→開始使用

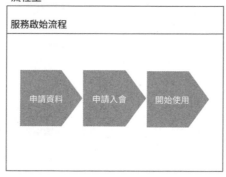

流程型

服務啟始流程

申請資料　申請入會　開始使用

善用流程型圖解的3種模式

流程型圖解主要有3種模式，概念流程型可在只列出概念的情況使用。垂直流程型與水平流程型則可於需要詳盡說明的情況使用。元素超過4個以上，可使用垂直流程型。

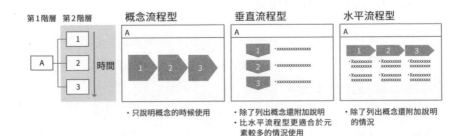

下列是於流程型投影片說明「作業流程」的範例。為了說明「作業將依照計畫、準備、實施的順序」說明投影片導言，而以邏輯樹整理了資訊。第二層的各元素會依照時間順序發生，故選用流程型說明。為了附上詳盡說明，所以使用水平流程型，第二層的元素則以五邊形的圖案依序植入。

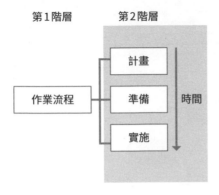

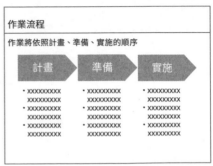

9

圖解

基本圖解⑥
會循環的「旋轉型」

■ 利用「旋轉型」說明循環

旋轉型圖解可於多個元素之間具有時間順序且不斷循環的情況使用。下列的「改善的良性循環」、「通貨緊縮螺旋」、「容器回收流程」皆屬於套用旋轉型圖解的範例。

· **改善的良性循**

計畫→實施→反省→計畫→…

· **通貨緊縮螺旋**

價格下滑→利潤減少→人事費縮減→消費減少→價格下滑→…

· **容器回收流程**

製造→銷售→容器回收→製造→…

旋轉型

容器回收流程

製造

容器回收 ← 銷售

☐ 善用旋轉型圖解的3種模式

旋轉型圖解主要有3種模式，概念旋轉型可在拿掉詳盡說明，只列出概念的情況使用。垂直旋轉型與水平旋轉型，則可於需要詳盡說明的情況使用。元素超過4個以上，可使用垂直旋轉型。

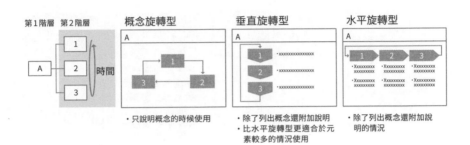

下圖是以垂直旋轉型投影片說明「改善循環」的範例。為了說明「改善循環為重複執行計畫、實施、反省的步驟」這個投影片導言，以樹狀圖整理了資訊。由於第二階層的每個元素都依照時間順序不斷循環發生，所以適合使用旋轉型圖解。

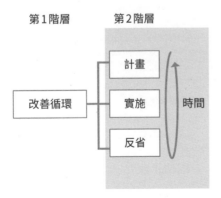

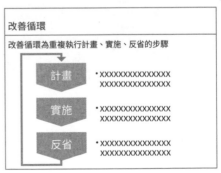

9

圖
解

「我」為了製作「背景」投影片，決定以圖解說明健身房「營業利益減少」的現象與造成此現象的多個元素。圖解所需的資料依下表進行蒐集與整理。

	投影片標題	投影片導言	投影片類型	投影片資訊的假說	取得資訊	出處
背景	入會人數的趨勢	與前年同月比較，入會人數已減少5%	圖解	自家公司：設備老舊	一店內裝潢自沿用前店家的設計以來，已超過15年 一空調也是從前店家接手的設備，已使用超過20年 一有氧健身車也使用超過7年	公司內部資訊
				競爭對手：健身房增加	一商圈多出兩家24小時營業的健身房 一加壓健身房新增三間	自家公司調查（2016年10月）
				市場：在地人口減少	一移入者以年減0.5%的速度減少 一少子化現象較其他地區嚴重	世田谷區官網(www.xxxxxxxxxxxxxx) =

接著「我」以邏輯樹整理這些資訊，發掘元素之間的關聯性。

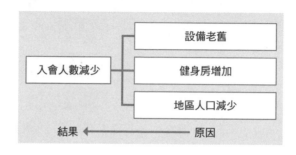

透過邏輯樹找出關聯性之後，發現「設備老舊」、「健身房增加」、「地區人口減少」為原因，「入會人數減少」為結果，所以利用「匯流型」圖解說明原因與結果的關係。

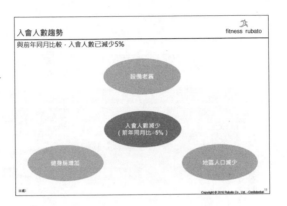

也以相同的流程製作比較3個「解決方案」的投影片。免費體驗傳單、免費個人教練體驗、會員朋友免費體驗這3種宣傳方之間互無直接關係，故在此使用「列舉型圖解」呈現。

9

圖
解

接下來，製作進一步說明「免費個人教練體驗」這個「解決方案」的投影片。免費體驗、免費個人教練體驗、無追加成本這3個元素，為免費個人教練體驗的背景因素，所以這裡採用「背景型圖解」說明這個解決方案。

然後是說明免費個人教練體驗的「效果」的投影片。由於「免費個人教練體驗」這個原因會產生「入會人數增加」、「解約率減少」、「口碑傳播增加」的結果，所以採用「擴散型圖解」呈現。

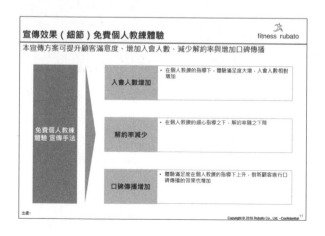

再來要製作的是免費個人教練體驗帶來的連鎖「效果」的投影片。
透過體驗活動建立會員與個人教練之間的關係後，續約率提升，入
會人數也因口碑傳播而增加的循環，能以「旋轉型圖解」呈現。

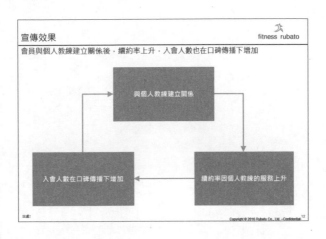

最後則是製作免費個人教練體驗宣傳手法的今後計畫的投影片。這
項宣傳手法將以實驗性實施、檢驗效果、正式實施的流程進行，所
以利用「流程型圖解」呈現。

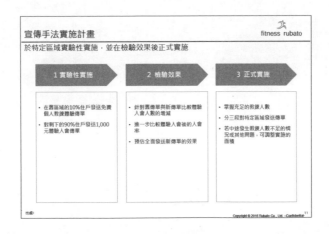

9

圖
解

大原則

從「6種」圖解
選出適用類別

了解基本圖解之後，下面我們來學習如何應用圖解。這6種應用圖解都是以Y軸、X軸圖解資訊的類型，也是企業顧常用的圖解，應用範圍也更加廣泛。

上升型

元素之間具有時間順序與上升趨勢的類型

對比型

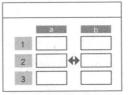

兩種商品或服務的比較型

矩陣型

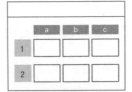

透過分類或對比說明元素與內容的類型

表格型

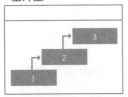

矩陣元素過多時使用的類型

四象限型

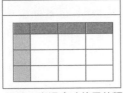

利用兩條座標軸劃出四個象限，再進行比較的類型

甘特圖型

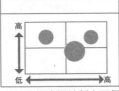

說明計畫或工程的類型

上升型

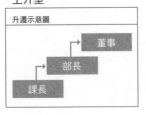

對比型

日商與外商的比較

	日本企業	外資企業
報酬	年資	成果主義
福利厚生	豐厚	較少
雇用	終身雇用	以跳槽為前提

矩陣型

眼鏡零售商的比較

	A公司	B公司	C公司
價格	平價	高價	高價
備品	豐富	嚴選	豐富
特徵	重視價格	重視設計	重視機能性

表格型

擁有汽車的好處

	擁有	租車	共享
成本	購買與維護的費用較高	不需購買與維護的費用	不需購買與維護的費用
方便性	24小時、365天都可使用，可撐開車當成一種興趣	需要去租車公司租車	可從網路預約租車
客製化	可隨自己意思改裝	不可改裝	不可改裝

四象限型

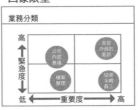

甘特圖型

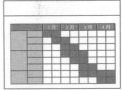

應用圖解①
改善與向上的「上昇型」

■ 藉著時間向上的「上昇型」

上昇型圖解可於多個元素之間具有向上關係時使用。在X軸配置時間軸，再於Y軸配置向上軸。下列的「技能向上」與「組織發展」都是上昇型圖解的範例之一。

例如「組織發展」依序配置了「草創期」、「擴張期」、「安定期」，說明組織發展的過程。上昇型可說明上升趨勢，所以適合於說明「效果」的投影片使用。

下面的範例依照時間順序配置了「課長」、「部長」、「董事」，說明在公司升遷的過程。

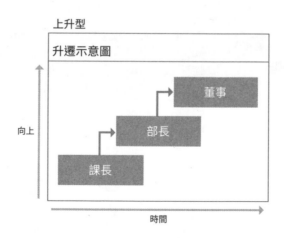

上昇型會以階梯型圖解說明隨著時間上昇或下降的狀況。假設是隨著時間下降的情況，會使用矩形由上至下，層層下降的「下降型」圖解。會於說明公司狀況惡化或其他類似情況使用。

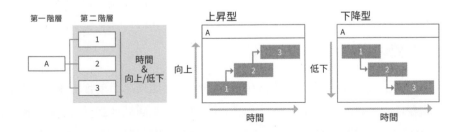

■ 善用上昇型與下降型

下圖是說明「組織發展」的上昇型投影片。為了說明「企業會從草創期進入擴張期，最後發展至安定期」的投影片導言，以樹狀圖如下整理了資訊。從樹狀況可以發現，第二階層的元素會隨著時間依序發生，而且組織規模也因此提升，所以適合使用上昇型圖解說明。在上昇型圖解放入各種元素，就能製作說明組織隨著時間發展的投影片。

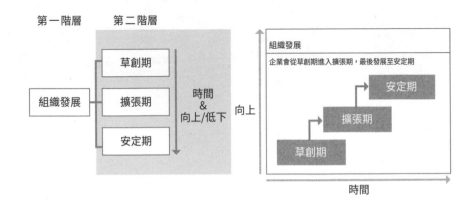

9

圖
解

應用圖解②
用於比較的「對比型」

◻ 比較兩個商品的「對比型」

對比型圖解**可於兩個元素，例如兩個商品、兩種服務之間具有比較關係的情況使用**。X軸可配置要比較的對象，例如企業、商品或服務，Y軸可配置比較項目。對比型常用來比較「商業模式」或是「產品」。由於對比型圖解可呈現比較結果，所以常於「背景」投影片進行與其他公司或產品的比較，也會在「解決方案」投影片或「效果」投影片一邊比較多個方案，一邊說明方案內容。

下面的範例將「日本企業」與「外資企業」配置在X軸，並將比較項目的「報酬」、「福利」、「雇用」配置於Y軸。

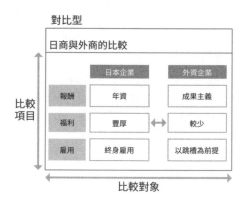

基本上對比型只有一種圖解方式，就是將兩個比較對象配置於X軸，再將比較項目配置於Y軸。配置比較對象時，通常會將自家公司的商品或服務配置於左側，競爭對手的內容配置在右側。

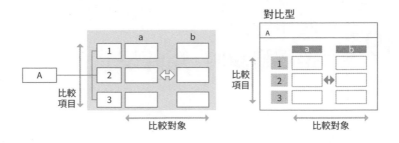

☐ 善用「對比型」圖解

下圖是比較「摩斯漢堡與麥當勞」的投影片。為了說明「相較於麥當勞，摩斯漢堡通常距離車站較遠，價格比較高，但比較健康」的投影片導言，以樹狀圖如下整理了資訊。從樹狀圖可以得知，主要是從價格、店址、商品這3個觀點比較這兩家公司，所以可套用對比型圖解。將各元素放入對比型圖解之後，就能製作出徹底比較摩斯漢堡與麥當勞各元素的投影片。

9

圖解

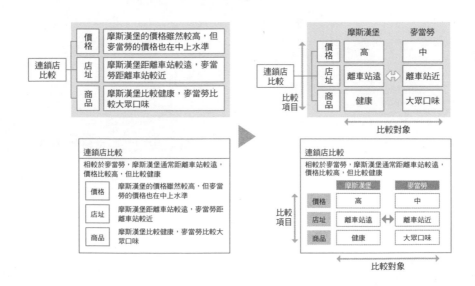

應用圖解③
整理資訊的「矩陣型」

■ 可一覽多種資訊的「矩陣型」

矩陣型圖解可如表格般整理資訊，但**企業顧問更常用於說明質化的資訊**。矩陣型與對比型雖然相似，但是對比型主要是比較兩種對立的商品或服務，矩陣型卻不具這項特徵，反而較常用於說明自家公司的多種服務或商品或是列出各家競爭對手的特徵。

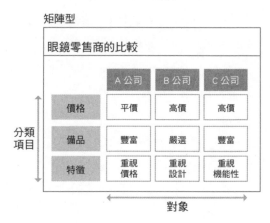

矩陣型

眼鏡零售商的比較

分類項目		A公司	B公司	C公司
	價格	平價	高價	高價
	備品	豐富	嚴選	豐富
	特徵	重視價格	重視設計	重視機能性

對象

矩陣型分成列舉型擴張之後的列舉矩陣型，與流程型擴張之後的流程矩陣型。

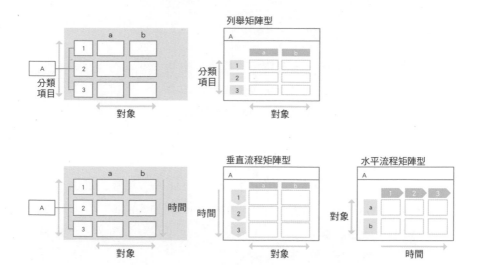

■ 善用「列舉矩陣型」與「流程矩陣型」

由列舉型擴張而來的列舉矩陣型適合用來整理資訊，例如以矩陣型整理「超商比較」的資訊時，可將Lawson、全家、7-11配置在X軸，再將營業額與門市數量配置在Y軸。此外，若是「關西觀光聖地」的比較，則可將京都、大阪、神戶配置在X軸，再將觀光景點與交通方式配置在Y軸。像這樣利用X軸與Y軸整理資訊，很方便進行比較與分類，讀者也較容易了解圖解的內容。

此外，若X軸、Y軸的元素具順序性，還可使用流程矩陣型圖解。流程矩陣型圖常用於說明「業務流程」，例如將計畫、準備、實施、回顧配置在X軸，以流程型說明這些元素的順序，再於Y軸配置目標與負責部門，就能看出每個階段的目標與負責部門。流程矩陣型分成垂直流程矩陣型與水平流程矩陣型兩種。

◻ 利用「列舉矩陣型」分類資訊

比較多個服務或產品時，若只選用一般的列舉型，就必須在單一項目記載多個服務或產品的資訊，這會讓讀者看得很辛苦，反觀選用列舉矩陣型圖解，就能將服務與產品的資訊分成不同項目，讀者也比較容易進行比較，當然比較容易閱讀。

以下列利用人口、成長性、競爭力道這3個軸比較市場性的範例來看，與其在人口項目記載「東南亞的人口較多，非洲的人口較少」，不如將X軸分成「東南亞」與「非洲」，再以「東南亞」→「多」、「非洲」→「少」的方式說明來得簡單易懂。

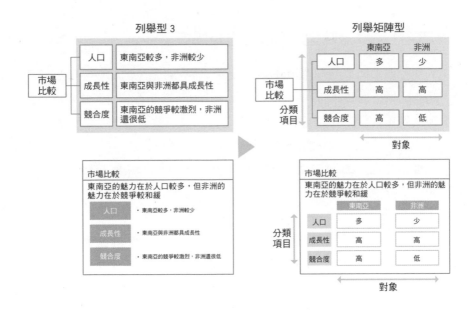

☐ 以「流程矩陣型」說明順序

要以時間軸比較多個服務、商品或業務時，若只選用一般的流程型圖解，通常得在單一項目記載多個元素的資訊，讀者也不容易閱讀。反觀選用流程矩陣型圖解，就能將服務或產品的資訊分成不同項目，讀者也能更輕鬆地比較與閱讀。

下列購買書籍的範例原本只是流程型圖解，將亞馬遜與書店的資訊放在來店、選擇、配送這些階段之中，但這麼做很難比較亞馬遜與書籍的差異。如果將樹狀圖整理的階段分成亞馬遜與書店，就能利用流程矩陣型的圖解分開亞馬遜與書店的資訊，也比較方便讀者閱讀。

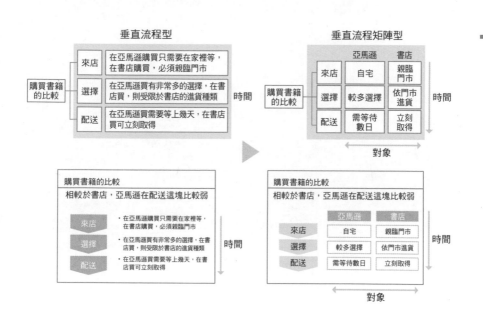

應用圖解④
整理詳細資訊的「表格型」

■ 要進一步整理資訊就使用「表格型」

前一節介紹的矩陣型很方便讀者對比資訊，但是元素若分得太細，圖解就會變得太複雜，讀者也不易閱讀。

所以**當元素超過9個，就建議使用表格型圖解整理**。表格型的特徵就是利用框線切割，所以很簡單地整理資訊。

表格型

購買汽車的好處			
	購車	租車	共享
成本	購買與維護的費用較高	不需購買與維護的費用	不需購買與維護的費用
方便性	24小時、365天都可使用，可將開車當成一種興趣	需到租車公司租車	可從網路預約租車
客製化	可隨自己意思改裝	不可改裝	不可改裝

分類
項目

對象

表格型共有3種具代表性的類型，一種是最通用的「表格型」，另外兩種是在項目之間，具有時間順序之際使用的「垂直流程表格型」與「水平流程表格型」。項目過多時，垂直流程表格型會比水平流程表格型更方便使用。製作表格型圖解時，建議在做為標題使用的第一列與第一欄套色，才能讓標題與資料有所區分。

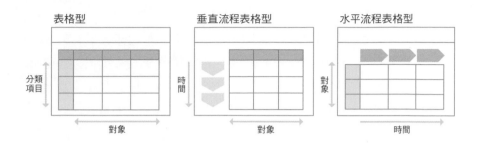

表格型　　　垂直流程表格型　　　水平流程表格型

分類項目

時間

對象

對象

對象

時間

◻ 利用3個步驟快速完成表格

雖然要說明製作表格的方法，不過到目前為止介紹的圖解類型，都可利用「插入圖案」的功能製作（參考P.49），唯獨表格型是利用「插入表格」的功能，需以3個步驟完成。第一步①插入表格，第二步②於開頭的列、欄設定顏色以及文字的位置，最後③輸入文字。

① 插入表格

點選「插入」→「表格」，插入預設的表格。

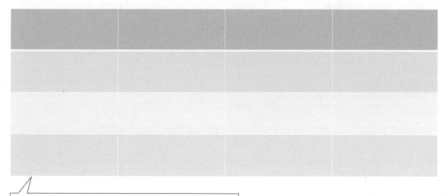

點選「插入」→「表格」，插入預設的表格。

9

圖
解

② 設定表格的格式

在首列、首欄設定基色，再將文字設定為上下左右都置中的對齊方式。其他的存格則設定為「背景：無」的顏色，假設會輸入很多個句子，則設定為靠左對齊的條列式格式。假設只輸入一個句子、數字或單字，則設定為置中對齊的格式，也無需使用條列式的格式。此外，整張表格都設定框線。若有需要合併或分割儲存格，也可在此時設定。

	XXX		
XXX	• XXX	• XXX	

・除了首列與首欄，設定為條列式格式

・首列與首欄以基色填滿（列的顏色較深，欄的顏色較淺）
・首列與首欄的文字都設定為上下左右置中對齊的格式

・設定框線
・將背景的填色設定為「無」

③ 輸入文字

設定完成後，於表格中輸入文字。

	XXX	XXX	XXX
XXX	• XXXXXX	• XXXXXX	• XXXXXX
XXX	• XXXXXX	• XXXXXX	• XXXXXX
XXX	• XXXXXX	• XXXXXX	• XXXXXX

■ 善用快捷鍵與快速存取工具列

剛剛這3步驟表格型圖解製作法可透過快捷鍵與快速存取工具列變得更有效率。下列是各步驟在快捷鍵與快速存取工具列的說明。

	概要	快捷鍵	快速存取工具列
❶ 插入表格	・插入表格 ・決定列數與欄數	・插入列（在最後一列按下 Tab 鍵）	・新增表格
❷ 設定表格格式	・設定表格格式 ・將背景設定為無填色 ・設定儲存格的邊界	-	・圖案填色 ・畫筆顏色 ・框線
設定文字格式	・設定文字的格式	・調整字型大小（ Ctrl + [、]） ・靠右、靠左、置中對齊（ Ctrl + R、L、E） ・粗體字、底線、斜體（ Ctrl + B、U、I）	・字型、文字顏色 ・項目編號、文字對齊方式、行距
儲存格的合併／分割	・合併／分割儲存格	-	・設定框線 ・刪除框線 *按下滑鼠右鍵，也可合併或分割儲存格
❸ 輸入文字	・輸入文字	・直接於表格輸入	-

尤其是表格文字的格式很適合利用快捷鍵設定，例如字型的縮放可使用 Ctrl + []，靠右、靠左、置中則可使用 Ctrl + R、L、E 因為靠右對齊是 Right，所以快捷鍵是 R，靠左對齊是 Left，所以快捷鍵是 L，而置中對齊是 cEnter，所以是快捷鍵是 E，建議大家早點記住這些快捷鍵（因為 C 已經被 Copy 佔用，所以不是 C）。此外，強調文字的粗體字（Bold）、底線（Underline）、斜體（Italic）的快捷鍵則分別以首字的 B、U、I 搭配 Ctrl 鍵，記住就能快速完成設定。

9

圖解

應用圖解⑤
釐清定位的「四象限型」

■ 以兩條軸線說明定位的「四象限型」

若要比較多個元素，可選擇四象限型圖解。所謂四象限型圖解就是將商品或服務放入Y軸與X軸（例如「重要度」與「緊急度」或「影響力」與「可行性」這類座標軸），釐清元素定位之後再進行比較。若要依照「重要度」與「緊急度」比較各種方案，再從中找出優先順位較高的方案，就可使用四象限型圖解。對比型、矩陣型、表格型雖然也可在「比較項目」或「分類項目」配置兩個以上的項目，但是四象限型只有X軸與Y軸這兩個「比較項目」，所以若**只想以較重要的兩個「比較項目」比較，就很適合使用四象限型圖解。**

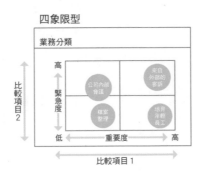

四象限型分成只列出四個象限的類型（四象限型），或是在象限配置業務或商品，釐清業務或商品定位的類型（分類型），可視情況選用。

四象限型

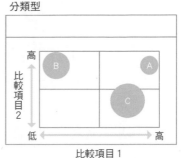

分類型

☐ 善用分類型

實際使用分類型的時候，通常會如下利用解決方案的「影響力」與「可行性」進行分類，或是根據「市佔率」與「成長率」決定商品或服務的定位。

利用「市佔率」或「成長率」決定商品或服務定位的方法被另外稱為「產品組合管理」（簡稱PPM），是波士頓企業管理顧問公司對於多角化經營的企業，提出經營資源最佳化分配的方案（此時所說的市佔率是與龍頭企業相對的市佔率）。

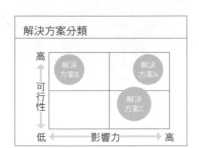

解決方案分類

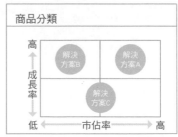

商品分類

9

圖解

應用圖解⑥
說明計畫的「甘特圖型」

■ 工程可利用「甘特圖型」說明

要說明計畫可使用甘特圖型圖解。甘特圖型適合以時間軸整理各種作業流程，尤其常用於說明工程。在最左側的欄位填入工程的大類與中類，便能一眼看出計畫的內容。

在單張投影片以流程型說明工程全貌之後，很適合再以甘特圖型於下一張投影片說明**工程的細部進程**。在建立資料的故事線之際，若能在「效果」投影片與「結果」投影片之間插入「今後計畫」這種投影片，將讓資料更有說服力。

甘特圖型

新商品發表會的事前準備			1月	2月	3月	4月
會場調度	會場預約					
	訂購器材、備品					
	決定會場擺設					
發表內容的調整	決定流程					
	製作發表資料					
	與演講者討論					
導覽活動	寄送邀請函					
	寄送提醒信					

對象

時間

甘特圖型分成兩種，若想利用表格說明工作進程，可使用甘特圖型1，若想利用五邊形圖案呈現工作進程，可使用甘特圖型2。要說明計畫概要時，可使用甘特圖型1，要連瑣碎的工作細節都說明，則建議使用甘特圖2。

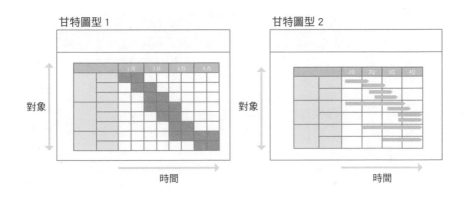

▢ 繪製甘特圖型

甘特圖可利用PowerPoint的表格功能繪製。新增表格後，將首列設定為較深的顏色，再將首欄與下一欄設定為淡色，其他儲存格則設定為「無填色」。若打算使用甘特圖型1，可利用儲存格的填色說明計畫進程。

若要使用甘特圖型2，可於「插入」分頁點選「圖案→箭號圖案→箭號：五邊形」插入五邊形圖案。由於調整五邊形圖案的高度很花時間，所以一開始可先插入需要的圖案，最後選取所有的五邊形圖案，再從「格式」分頁的「圖案高度」一口氣調整所有五邊形圖案的高度。

9

圖解

「我」決定在比較各宣傳方案預估入會人數的投影片使用圖解。目前已將必要資訊整理成下表。

	投影片標題	投影片導言	投影片類型	投影片資訊的假說	取得資訊	出處
解決方案	宣傳方案預估入會人數	免費個人教練體驗在增加申請體驗的人數與入會人數的效果，都優於免費體驗傳單	圖解	接觸人數	免費體驗傳單50,000人 免費個人教練體驗50,000人	根據過去資料預估
				申請體驗人數	免費體驗傳單30人 免費個人教練體驗40人	根據過去資料預估
				入會人數	免費體驗傳單10人 免費個人教練體驗15人	根據過去資料預估

然後將上述資訊整理成邏輯樹，了解元素之間的關聯性。由於第二階層的元素之間（「接觸人數」、「申請體驗人數」、「入會人數」）之間具有時間順序的關聯性，所以一開始原本打算使用「垂直流程型圖解」，但後來發現能以「免費體驗傳單」與「免費個人教練體驗」整理，所以改用「垂直流程矩陣型圖解」。

最終完成下列的投影片。

宣傳方案預估入會人數　　　　　　　　　　　　　　　rubato
免費個人教練體驗在增加申請體驗的人數與入會人數的效果都優於免費體驗傳單

	免費體驗傳單	免費個人教練體驗
接觸人數	50,000人	50,000人
申請體驗人數	30人	40人
入會人數	10人	15人

出處：　　　　　　　　　　　　　　　Copyright © 2018 Rubato Co., Ltd. –Confidential 24

上述的圖解比較了兩個宣傳方案，但在製作資料時，發現有另一個方案需要加入比較。由於元素增加，所以改成「水平流程表格型圖解」。

宣傳方案預估入會人數　　　　　　　　　　　　　　　rubato
免費個人教練體驗在增加申請體驗的人數與入會人數的效果都優於免費體驗傳單

	接觸人數	申請體驗人數	入會人數
免費體驗傳單	50,000人	30人	10人
免費個人教練體驗	50,000人	40人	15人
會員朋友免費體驗	400人	20人	10人

出處：　　　　　　　　　　　　　　　Copyright © 2018 Rubato Co., Ltd. –Confidential 27

9
圖
解

接著，除了各宣傳方案的預估入會人數之外，還想比較成本，便製作了下列的投影片。這裡使用的是評估對象的「四象限型圖解」。如此一來，便能了解各宣傳方案的定位。

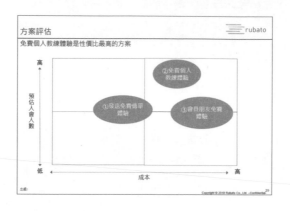

由於「四象限型」投影片未說明「免費個人教練體驗」與「會員朋友免費體驗」何者較具優勢，所以進一步製作「對比型」投影片，從費用、勞力、效果這三點比較這兩個方案，突顯「免費個人教練體驗」較佔優勢。

再來要說明「免費個人教練體驗」的「效果」，在此選用了「上昇型圖解」，說明會員與教練建立關係，可提升續約率，口碑宣傳跟著強化，入會人數跟著增加的情況改善。

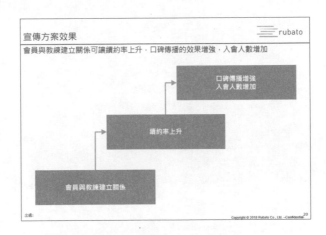

最後，利用甘特圖呈現「宣傳方案實施計畫－細節」。由於這項實施計畫之中，有一些較為瑣碎的工作，所以選用甘特圖型2呈現。

9
圖
解

333

大原則

圖解可透過3步驟「有效率地」製作

選擇圖解的類型之後，接著就是製作圖解。製作圖解會使用到很多圖案與文字方塊，會耗費不少時間，不過，若能**了解正確的製作步驟，就能有效率地製作圖解**。

記住，別一開始就在PowerPoint製作圖解，而是先在筆記本繪製圖解的草圖。再依照下列的步驟在PowerPoint中進行操作。

STEP① 製作圖案模組

插入圖案，設定字型與圖案格式，群組化圖案之後，「圖案模組」（零件）就完成了。

STEP② 調整圖案的位置

複製&貼上圖案，再利用對齊或其他的快捷鍵，調整圖案在投影片的位置。

STEP③ 輸入文字

最後就是輸入文字

在PowerPoint製作圖解的重點在於不要一開始輸入文字，而是先編排圖案的位置，最後再輸入文字，才能有效率地圖解化。接下來，依序介紹這些步驟。

STEP① 製作「圖案模組」

■ 製作「圖案模組」再群組化

製作圖解的第一步從製作「圖案模組」開始。

製作圖解時，常發生圖案大小不一致，位置沒對齊的現象，究其原因，這是因為每一個圖案都分開製作。要有效率地製作圖解，**要先製作一個圖解零件的「圖案模組」**。在此以列舉型3為例，介紹製作圖解的方法。

從「插入」分頁點選→「圖案」→「矩形」→，插入小標與文章的圖案。輸入文章的圖案可以是文字方塊。

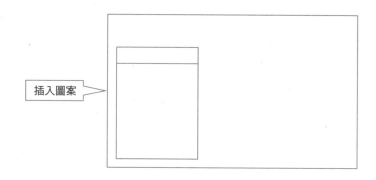

再來要針對每個圖案設定圖案與文字的格式。圖案的格式包含框線與配色。配色則可利用「圖案填滿」與「圖案外框」設定。圖案的文字格式包含粗體字（Ctrl+B、字型縮放（Ctrl+]、[）、置中對齊（Ctrl+E），都可利用快捷鍵完成設定（參考P.52）。此外，用於輸入文章的圖案可設定為項目編號與靠左對齊的格式。

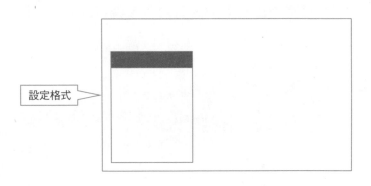

設定格式

9
圖
解

最後群組化剛剛設定的兩個圖案。選取這兩個圖案，再按下群組化的快捷鍵（Ctrl+G），即完成一個圖案模組。

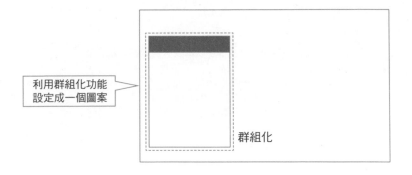

利用群組化功能
設定成一個圖案

群組化

STEP②
調整圖案的「位置」

■ 利用快速存取工具列的對齊功能來調整圖案的位置

接著要在投影片配置於STEP①製作的「圖案模組」。

一開始先重複執行複製&貼上（Ctrl+C、Ctrl+V），讓「圖案模組」增加至需要的數量。此時務必透過快捷鍵提升作業效率。若使用Ctrl+D這個快捷鍵，可同時執行複製與貼上的操作。

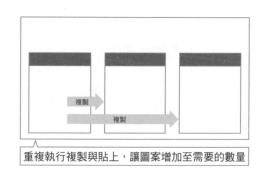

重複執行複製與貼上，讓圖案增加至需要的數量

當圖案模組增加至需要的數量之後，就要調整圖案的位置。**此時請務必使用圖案的對齊功能**，否則光是替每個圖案微調位置，絕對是一項耗時、耗力的作業。第一步，先將要放在左右兩端的圖案配置在投影片的左右兩側輔助線，或是距離左右兩側輔助線等距的位置。此時不用在乎圖案的上下兩端有沒有對齊。決定左右兩側的位置之後，選取所有圖案，再點選快速存取工具列的「水平均分」，讓圖案間的位置沿著水平方向均分。

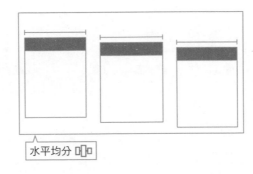

水平均分 ▯▯▯

將做為基準的圖案移動到圖案在投影片之中的上緣位置，再選取所有圖案，然後點選快速存取工具列的「靠上對齊物件」，讓圖案的上緣切齊，確定好圖案的位置。

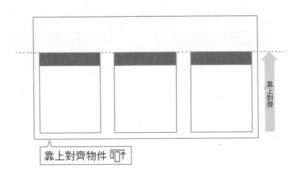

靠上對齊物件 ▯▯↑

9

圖
解

STEP③
輸入圖解的「文字」

■ 以項目符號輸入文字

完成圖案之後,最後就是輸入文字。

輸入文字的時候,請務必使用項目符號設定為條列式,才能減輕讀者在閱讀上的負擔,想傳遞的內容也會變得更明確。

製作圖解的通盤重點,在於別製作一個圖案就輸入文字,然後製作另一個圖案再輸入文字,而是**先利用圖案完成投影片的版面,再統一輸入文字**。

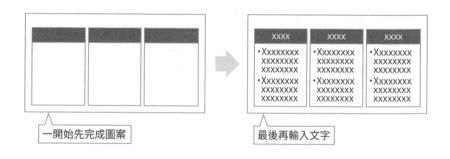

利用快捷鍵與工具列製作圖解

製作圖解時，使用快捷鍵與快速存取工具列，可讓整個作業變得非常有效率。根據下圖的順序製作，就能迅速完成圖解。

	概要	快捷鍵	快速存取工具列
① 製作圖案模組	・插入圖案，製作圖解零件	–	・圖案 ・繪製文字方塊
設定圖解零件格式	・設定圖解零件的格式	・字型縮放（Ctrl ＋ [、]） ・靠右、靠左、置中對齊（Ctrl ＋ R、L、E） ・粗體、底線、斜體（Ctrl ＋ B、U、I）	・圖案填滿、圖案外框 ・項目符號、對齊文字、行距
群組化圖解零件	・群組化圖解零件	・群組化（Ctrl ＋ G） ・解除群組（Ctrl ＋ Shift ＋ G）	–
② 複製 & 貼上	・複製與貼上群組化的圖解零件	・複製（Ctrl ＋ C） ・貼上（Ctrl ＋ V）	
調整位置	・在投影片配置圖解零件	–	・靠左、靠上、置中對齊 ・垂直均分、水平均分 ・移到最上層、移到最下層
③ 輸入文字	・輸入文字	・選取圖案或直接輸入	–

「設定格式」與「對齊」的命令尤其不容易在PowerPoint找到，所以先放入快速存取工具列才方便使用。

9

圖
解

大原則

利用「強調圖解」增加張力

選取適當的圖解可讓投影片的內容更簡單易懂，但要讀者讀完圖解的內容，仍是一大負擔。因此有必要強調希望被閱讀的部分或主張，減少讀者的閱讀量。

圖解可透過下列3個步驟強調：

① 選取強調色
② 根據投影片導言決定要強調的部分
③ 利用「粗體字」與「文字顏色」強調文字，再利用「小標」樣式強調小標，範圍則利用「背景色」強調。

我在研習課程校閱投影片的時候，會進行各種修改，而「**追加強調部分**」可說是最常需要修改的前三名。可見大部分的製作者都沒在資料裡強調想強調的內容。

在圖解追加適當的強調效果，是讓PowerPoint的資料變得更容易閱讀，也更像「能獨立閱讀的資料」。接著介紹在圖解追加強調效果的流程。

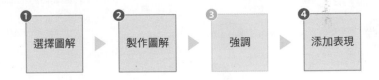

圖解的強調色
可從「色相環」選擇

■ 紅色不一定是最佳的強調色

要在圖解追加強調效果的話,該選擇哪種顏色?常見的是使用紅色,但紅色太搶眼,也不一定能在所有情況下充作強調色使用。

選擇強調色的重點在於色相環(參考P.230)。在色相環之中,**位於投影片基色另一側的顏色(補色)稱為重點色**,能當成強調色使用。假設基色為藍色,強調色就是重點色的橘色。將強調色當成重點色使用,可讓觀感變得更自然,又能達到強調的效果。

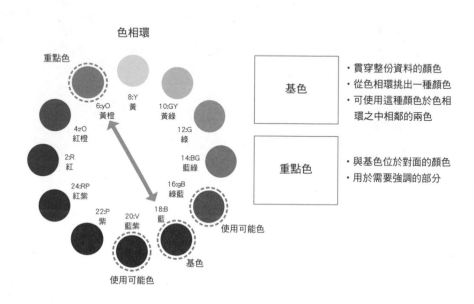

色相環

重點色

8:Y 黃

6:yO 黃橙

10:GY 黃綠

4:rO 紅橙

12:G 綠

2:R 紅

14:BG 藍綠

24:RP 紅紫

16:gB 綠藍

22:P 紫

20:V 藍紫

18:B 藍

使用可能色

基色

使用可能色

基色	・貫穿整份資料的顏色 ・從色相環挑出一種顏色 ・可使用這種顏色於色相環之中相鄰的兩色
重點色	・與基色位於對面的顏色 ・用於需要強調的部分

有一點必須注意 ，色彩主張不夠強烈的黃色或黃綠色不太適合當成強調色使用。此時，可改用橘色或綠色的同系色。

多人共同製作資料時，一定要**共用強調色**。只要有一個人沒使用相同的強調色，整合資料的時候，就會發現資料缺乏一致性，事後修正也得耗費不少時間，又很沒有效率。

使用紅色

東京奧林匹克運動會的設施課題
競技場、交通基礎建設、住宿設施這三個部分都尚待解決，尤其住宿設施嚴重不足。

競技場　競技場有可能來不及完工

交通　大眾交通工具的載運量不足，有可能影響東京居民

住宿　住宿設施不足，住宿費可能飆漲

✕

使用重點色

東京奧林匹克運動會的設施課題
競技場、交通基礎建設、住宿設施這三個部分都尚待解決，尤其住宿設施嚴重不足。

競技場　競技場有可能來不及完工

交通　大眾交通工具的載運量不足，有可能影響東京都民

住宿　住宿設施不足，住宿費可能飆漲

○

使用主張太弱的顏色

東京奧林匹克運動會的設施課題
競技場、交通基礎建設、住宿設施這三個部分都尚待解決，尤其住宿設施嚴重不足。

競技場　競技場有可能來不及完工

交通　大眾交通工具的載運量不足，有可能影響東京都民

住宿　住宿設施不足，住宿費可能飆漲

✕

使用主張強烈的顏色

東京奧林匹克運動會的設施課題
競技場、交通基礎建設、住宿設施這三個部分都尚待解決，尤其住宿設施嚴重不足。

競技場　競技場有可能來不及完工

交通　大眾交通工具的載運量不足，有可能影響東京都民

宿泊　住宿設施不足，住宿費可能飆漲

○

9
圖解

099 以「投影片導言」決定要強調的圖解內容

■ 根據投影片導言決定要「強調的部分」

在圖解設定強調的部分時，一大重點在於根據投影片導言決定要強調的位置，讀者就能在沒有閱讀投影片導言之下，只看強調的部分了解製作者的主張。

此外，投影片導言若是整張投影片的總結，就不需要另外設定強調的部分。例如「敝公司為搬家專業公司」的投影片導言已提及「公司名稱」與「事業內容」，投影片導言已是整張投影片的總結，就不需要額外設定要強調的部分。反觀「尤其擁有令其他公司望塵莫及的成績」這種強調企業部分特徵的投影片導言，就有必要強調對應投影片導言的內文。

不需要強調的情況		需要強調的情況
公司概要		**公司特徵**
敝公司為搬家專業公司		敝公司以成績、價格、品質在搬業界享有盛譽，尤其擁有令其他公司望塵莫及的成績

不需要強調的情況（公司概要）：

公司名稱： xxx 運輸株式會社
設立年度： 1980 年 3 月 31 日
總公司： 東京都中央區銀座
事業據點： 全國主要都市設有 70 個據點
事業內容： 搬家、運貨、搬家附帶業務
員工人數： 約 4,000 人

需要強調的情況（公司特徵）：

成績 ・日本全國年度搬家接案數量第一名
價格 ・根據顧客需求，提供不同的搬家套餐
品質 ・取得 ISO 認證，在業界為顧客滿意度第一名的公司

◻ 利用3種方法強調圖景

要根據投影片導言強調圖解裡的主張，共有3種方法，分別是「**強調文字**」、「**強調小標**」、「**強調範圍**」。「強調文字」指的是在要強調的文字套用強調色或粗體樣式，「強調小標」則是在需要強調的小標套用顏色，「強調範圍」則是利用背景色強調要強調的範圍。這3種強調方法可拆開來使用，也可如下圖搭配使用。以下就分說明這3種方法。

利用重點色填滿圖解的小標

利用粗體字、基色（使用複製格式功能比較有效率）強調最重要的部分以重點色強調

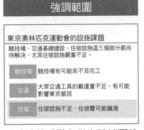

以淡淡的重點色做為該範圍的背景色

9

圖
解

100 利用「兩個步驟」強調圖解的文字

☐ 利用兩個步驟強調文字

執行強調文字的方法有兩個步驟。一如文字過多會變得不易閱讀，**在文章的重要片段套用基色，轉換成粗體字**，就能突顯文章的重點。放大文字也是很有效的方法。

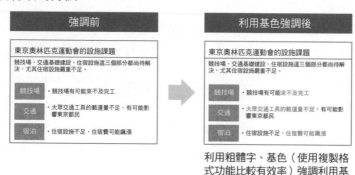

利用粗體字、基色（使用複製格式功能比較有效率）強調利用基色強調

此外，若想強調與投影片導言對應的重要片段，可將該片段的文字變更為**強調色（重點色）而不是以基色強調**。

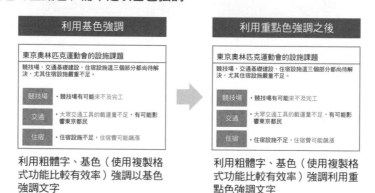

利用粗體字、基色（使用複製格式功能比較有效率）強調以基色強調文字

利用粗體字、基色（使用複製格式功能比較有效率）強調利用重點色強調文字

101 利用「重點色」強調圖景的小標

□ 小標利用「小標」強調

若要強調與投影片導言對應的圖解，可利用重點色設定小標的圖案。有時會看到以顏色或粗體字強調小標的圖案的文字，但與其做，不如將小標的圖案設定為重點色，才更容易看出強調的效果，至於圖案的文字則不用變動，或是套用粗體樣式。

此外，將小標的圖案設定為重點色，有時會導致黑色的文字看不清楚，此時最好將文字設定為白色。再者，一張投影片最多只有1～2處使用這種透過小標圖案的顏色強調的部分，否則強調的部分太多，反而看不出真正強調的部分，讀者也會覺得很混亂。

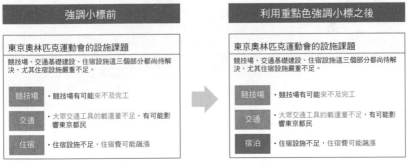

利用重點色強調小標

102 利用「背景色」強調圖解的範圍

■ 不要利用矩形或橢圓形圍住要強調的部分

我很常看到以矩形或橢圓形圍住投影片重要內容的例子，但是改以背景色強調，看起來其實更簡單，也更方便閱讀。左例是以矩形圍出要強調的部分，可以發現用於強調的矩形之中另有小標的矩形，導致整個內容難以閱讀。若以右例的背景色強調，就能簡單地強調範圍。

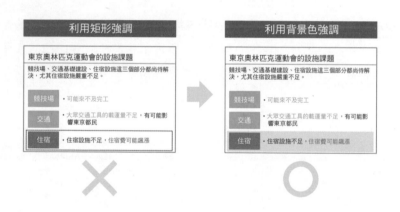

要使用背景色強調可從「插入」分頁點選「圖案」→「矩形」，再依照要強調的部分插入適當大小的矩形。在矩形為選取的狀態下，按下滑鼠右鍵，點選「外框」→「無外框」，再利用「圖案填色」命令將圖案的顏色設定為淡淡的重點色。最後在圖案為選取的狀態下，按下滑鼠右鍵，選擇「移到最下層」（也可點選快速存取工具列裡的「移到最下層」命令），讓矩形移動到最下層。

東京奧林匹克運動會的設施課題

競技場、交通基礎建設、住宿設施這三個部分都尚待解決，尤其住宿設施嚴重不足。

競技場	競技場有可能來不及完工
交通	• 大眾交通工具的載運量不足，有可能影響東京都民
宿泊	• 住宿設施不足，住宿費可能飆漲

東京奧林匹克運動會的設施課題

競技場、交通基礎建設、住宿設施這三個部分都尚待解決，尤其住宿設施嚴重不足。

競技場	競技場有可能來不及完工
交通	• 大眾交通工具的載運量不足，有可能影響東京都民

利用圖案覆蓋要強調的範圍，並將圖案的框線設定為「無外框」，以及將圖案設定為淡淡的重點色

利用命令將用於強調的矩形移到最下層

東京奧林匹克運動會的設施課題

競技場、交通基礎建設、住宿設施這三個部分都尚待解決，尤其住宿設施嚴重不足。

競技場	競技場有可能來不及完工
交通	• 大眾交通工具的載運量不足，有可能影響東京都民
宿泊	• 住宿設施不足，住宿費可能飆漲

※以半透明圖案強調是不可行的做法，因為有可能無法列印。

9
圖解

▼ 健身房實例 強調圖解

「我」決定在宣傳方案評估投影片中強調在導言主張的「免費個人教練體驗」。先將小標設定為重點色，再利用重點色與粗體字強調數字。最後將用於強調範圍的矩形配置在最下層，強調要強調的部分。如此一來，便能一眼看出何處為重要內容。

大原則

利用「追加的表現」讓圖解更簡單易懂

圖解雖然可讓資料變得更簡單易懂，但圖解終究只是以視覺整理文字內容的手法，讀者最終還是得閱讀文字，也還是會造成負擔，所以才需要加點視覺效果，強調圖解的效果，也讓讀者更容易了解內容。

外資企業顧問公司不會使用太多視覺元素，因為會在開會的時候，詳盡解說資料的內容，而且也得將資料製作得較為正式一點，但一般的企業與外資企業顧問公司的情況不同，一來說明的時間較為有限，二來通常是對背景知識比較不足的對象說明，所以才需要利用視覺效果幫助對方了解資料。**善用視覺元素可讓資料變得更方便「獨立閱讀」，也讓各種對象能在短時間內了解資料的內容。**

當我還在NGO服務的時候，曾多次參與海外專案，也發現要對當地的專案成員說明專案內容時，使用視覺元素說明是非常有效的手法。不擅長英語的日本人若要在全世界奮戰，就應該在製作英語資料時，積極地應用視覺元素。

本書使用的視覺元素主要是插圖。挑選適當的插圖後，稍微加工一下，再調整一下位置，是為資料添加視覺效果的關鍵。

103 在圖解追加「評價」

□ 加入○△×或五段式評價

對比型、矩陣型、表格型這類比較多樣商品或服務的圖解通常會排出版面很複製的投影片，很難一眼了解文字的內容，此時若加入○△×或五段式評價，讀者便能在尚未閱讀文字之前，了解投影片的概要。此外，○△×或五段式評價**務必要有固定的標準**。該基準可置於投影片的版面之外或是資料的附錄。評價方法除了○△×或五段式評價，還有很多種，請各位參考P.448的「用「單張投影片」說明資料概要」的內容。

只有文字的內容，需要多花一點時間理解

在背景放入評價，可讓讀者在未閱讀文字前，憑直覺了解投影片的概要。

■ 利用文字製作評價元素

○（圓圈）、△（三角形）或×（叉叉）這類符號不要使用圖案製作，而是要以文字製作。下列是製作方法。從①「插入」分頁點選②「文字方塊」→③「繪製水平文字方塊」。④輸入「maru」，⑤轉換成「○」。⑥按下 Ctrl+E，置中對齊文字，再按下 Ctrl + ⌷【放大字型，設定為顏色較淡的文字。最後從⑦「格式」分頁點選「下移一層」→⑨「移到最下層」。也可利用相同的方式製作△或×的版本，但文字的顏色與大小可利用複製格式命令（Ctrl + Shift + C）以及貼上格式「Ctrl + Shift + V」套用到其他文字，節省不必要的麻煩。

譯註：此為日文輸入法的範例

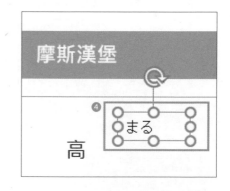

利用「插圖」讓圖解的內容變得更具視覺效果

☐ 利用插圖添加視覺效果

在圖解追加插圖，就能透過視覺效果讓資料變得更簡單易懂，因為讀者可透過圖案一眼看懂圖解的內容。要利用插圖讓圖解變得簡單易懂，第一步就是挑選適當的插圖。

利用插圖替圖解補充訊息

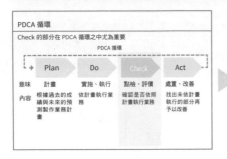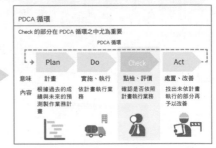

追加插圖可讓圖解變得更簡單易懂

有兩種方法可找到適當的插圖，第一種是使用PowerPoint線上圖片尋找，另一種是於Google搜尋圖片。

■ 搜尋方法①利用PowerPoint搜尋

若要在PowerPoint搜尋插圖，可搜尋線上圖片。不過這種方法的缺點，在於會先顯示受到創作CC授權條款限制的圖片，可選用的圖片較少。若不在意著作權，的確會多許多可選用的圖片，但可能就無法於要對外部公開的資料使用。

①從「插入」分頁點選「線上圖片」

②輸入關鍵字

③選擇圖片

■ 搜尋方法①利用Google搜尋

也能在Google搜尋插圖。這種方法可找到較多的圖片，而且還能指定「大小」或「顏色」，是非常方便的方法。

①輸入關鍵字

②點選「圖片」

9

圖解

③點選「工具」→「類型」

④點選「插圖」。再想要使用的插圖按下滑鼠右鍵,再點選「複製圖片」。

● 利用顏色篩選

①點選「工具」→「顏色」

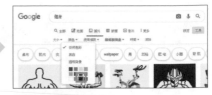

②點選需要的顏色。

● 利用大小篩選

①點選「工具」→「大小」。

②點選需要的大小。

◻ 利用Google尋找著作權開放的圖片

利用Google搜尋圖片時,免不了會擔心著作權的問題,不過,其實可直接搜尋著作權開放的圖片,只是某些圖片的數量可能會比較少。

①點選「工具」→「使用權限」→「標示為允許再利用」。

②只顯示「標示為允許再利用」的插圖。

若搭配同義詞或英語搜尋，可找到更多插圖。

同義詞搜尋

以同義詞的「重訓」搜尋

以英語的「Excercise」搜尋

■ 在Google儲存圖片

Google內建了儲存圖片的功能，若能保留找到的圖片，之後就能隨時使用。

①點選圖片。

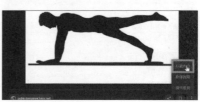

②點選「珍藏內容」。

③可瀏覽珍藏的圖片。

105 插圖要以「圖示」營造一致性

■ 利用圖示在投影片營造一致性

使用插圖時，畫風不一致的問題最讓人煩惱，但如果**使用圖示這類素材，就能輕鬆統一畫風**。圖示就是以單色圖案呈現各種概念或圖形的插圖。一般認為，圖示是從1964年日本東京奧運的廁所圖示開始，近年來，極簡平面設計風格的扁平化設計非常流行，所以使用圖示也非常符合現在的潮流。

例如左下例的投影片中包含了許多不同風格的插圖，讓人覺得很繁雜，而右下例的投影片卻利用圖示營造了一致性。

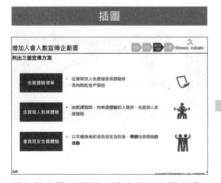

顏色與畫風都不同，讓人覺得有點雜亂　　　插圖的風格一致，所以更簡單易懂

◻ 利用Google尋找圖示

Google能幫助我們快速找到需要的圖示，只要在Google搜尋方塊中輸入pictogram這個關鍵字」即可。下面範例是輸入「健身 pictogram」的搜尋結果。顯示為PIXTA的是付費圖示，原則上不可使用，所以請使用免費的。

此外，也有免費提供圖示的網站，有機會不妨試用看看。

- **ICOOON MONO**

  免費提供6,000種以上的圖示。

  (http://icooon-mono.com/)

- **Human Pictogram 2.0**

  專門提供人類圖示的網站。

  (http://pictogram2.com/)

- **設計、排版也好用！簡報資料**

  提供331種以上的免費圖示。

  (http://ppt.design4u.jp/iconsweets2-powerpoint-version/)

9

圖
解

■ 無法複雜的圖片就使用螢幕擷圖

在Google搜尋圖示之後，有些圖示無法利用滑鼠右鍵的「複製圖片」貼入投影片。或許有些人會因此放棄，但其實PowerPoint有螢幕擷圖功能，可直接將圖片複製到投影片之內。

①在Google搜尋圖示，開啟搜尋圖片的畫面。

②點選「插入」分頁→「螢幕擷取畫面」→「畫面剪輯」

③在Google畫面圈選要複製的圖片

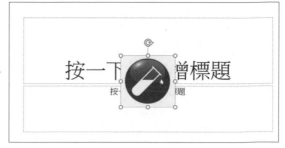

④圖片複製到PowerPoint的投影片了

■ 正式資料使用剪影圖片

圖示是非常方便好用的工具，但有些比較嚴謹的行業（如金融業）或是對外的正式資料，就不太適合使用圖示。此時建議以剪影圖片代表圖示。剪影圖片是根據人物的輪廓製作的插圖，所以比圖示更逼真，也更具正式感。下列就是示範的投影片範例。

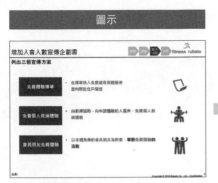

有些業界或資料不太適合使用圖示

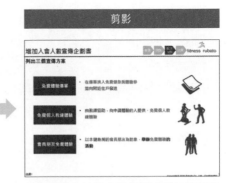

剪影則適合於保守的業界或對外資料使用

9

圖
解

若要利用Google搜尋剪影圖片，只需要輸入「剪影」即可。例如輸入「健身剪影」就是一例。剪影圖片不像圖示那麼多，免費圖片也較少，有必要的時候，可試著使用付費圖片。

插圖要以「背景透明」的方式使用

將插圖的背景轉換成透明

在Google搜尋插圖時，有時候會找到背景不是透明的圖片，若將這種圖片壓在其他圖片上層，就會看到白色的背景，看起來不太美觀。

下方圖就是在橫線背景上層配置白色背景圖片的例子，可以發現橫線背景被白色背景壓住，看起來很不自然。若能將插圖的背景設定為透明色，就能如下方右圖一般自然。

PowerPoint內建了讓特定顏色變成透明色的功能，可讓插圖的背景變成透明色。選取插圖之後，點選「格式」分頁的「色彩」，再點選「設定透明色彩」，然後點選要設定為透明色的背景，該背景就會變成透明色。

❷點選「色彩」　❶點選插圖，再點選「格式」分頁　　❹點選要設定為透明色的背景

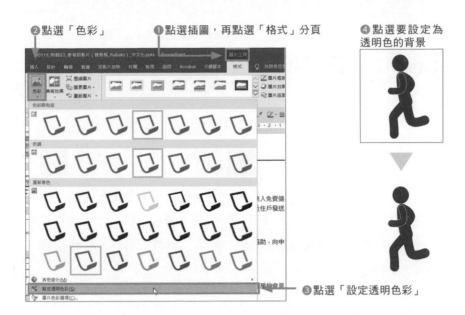

❸點選「設定透明色彩」

在此也可變更插圖的顏色。選取插圖，點選「格式」分頁的「色彩」，就會開啟各種顏色版本的插圖，從中可選擇與資料的基色一致的顏色。插圖的顏色一致，也可為資料營造一致性。

❷點選「色彩」❶點選插圖，再點選「格式」分頁

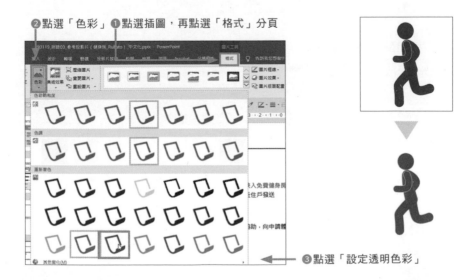

❸點選「設定透明色彩」

利用3項規則「配置」插圖

■ 配置插圖的3項規則

插圖不是隨便插入投影片就好，我常看到配置在投影片角落的例子，但這實在不是正面示範，因為插圖不只是插圖，還是於投影片傳遞資訊的重要元素，所以要配置成與對應的資訊具有關聯性的形式。配置插圖的重點有下列3項。

① **決定插圖的範圍**

在組成圖解的每個部分之中，於相同的區塊配置插圖。

② **插圖的大小一致**

同一張投影片之內的插圖最好設定成一樣的大小。

③ **將插圖配置在正中央**

插圖要放在圖解元素的中央。

只要注意這3點，就能製作出完成度更高的投影片。

沒有規則的情況

有規則的情況

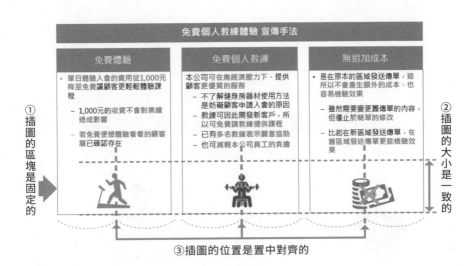

① 插圖的區塊是固定的

② 插圖的大小是一致的

③插圖的位置是置中對齊的

這種配置規則不僅適合於插圖，也很適用於企業標誌或圖片。請不要忘記插圖、企業標誌、圖片不是裝飾，而是投影片元素之一這件事。

108　照片要以維持「長寬等比」的方式「縮放」

🔲 縮放與裁剪照片之際，需注意的重點

我常看到簡報中照片出現①長寬比例不對，②照片大小不一致的問題。為了避免這類問題，讓我們了解如何維持照片的長寬比例或是裁剪照片的方法。

要維持照片的長寬等比例，可拖曳照片的四個角落、縮放照片，要注意的是，不要拖曳四個邊長中間的位置，否則長寬的等比例就會被破壞。

未維持長寬等比的情況	拖曳四個邊長的中間位置

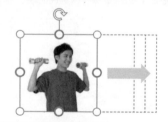

拖曳四個邊長的中間位置

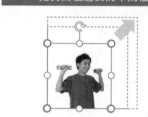

拖曳四個角落

圖片朝水平拉寬，看起來很不自然

❌

長寬比例未被破壞，所以沒問題

⭕

如果需要使用多張照片，可能會遇到照片大小不一致的問題，此時可利用裁剪功能裁掉多餘的部分，讓照片的大小一致。

裁剪不需要的部分	操作

不是調整寬度，而是裁剪多餘的部分

①選取圖片後 點選「格式」→「裁剪」→「裁剪」。

②裁剪多餘的部分。

▼ 健身房實例 追加插圖

「我」決定在宣傳方案的投影片追加插圖。為了追加圖示，我在Google以不同的關鍵字進行搜尋，例如用於免費體驗傳單的圖示就以「pictogram 文書」搜尋，免費個人教練體驗就以「pictogram 健身房」搜尋，會員朋友免費體驗就以「pictogram 朋友」搜尋。由於圖示的顏色不同，所以調整為藍色這個基色，也調整大小，然後配置在宣傳方案的右側。

第9章 圖解總結

□ 圖解具有「讀者能瞬間了解內容」、「憑直覺了解箇中邏輯」的最佳效果。

□ 基本圖解共有6種。
- ▶「列舉型」可在投影片元素彼此獨立時使用，是萬能的圖解。
- ▶「背景型」可在單一事項的背景，藏有多個原因或理由時使用。
- ▶「擴散型」可在一個元素擴散至多個元素的時候使用，「匯流型」則可在多個元素匯流至單一元素時使用。
- ▶「流程型」可在元素之間具有時間順序或因果關係時使用，「旋轉型」則可在元素之間具有循環關係的時候使用。

□ 應用圖解有6種，主要是以Y軸與X軸整理資訊的類型。
- ▶「上昇型」可在多個元素之間具有向上關係的情況使用。
- ▶「對比型」可在兩個元素，例如商品或服務之間具有比較關係的情況使用。若比較對象較多，可改用「矩陣型」。
- ▶若元素更多，可從「矩陣型」換成「表格型」。
- ▶「四象限型」可於利用兩條座標軸，定義商品或服務時使用。
- ▶「甘特圖型」可於行程表、工程管理的情況使用。

□ 強調區塊、文字、圖解可讓讀者還沒閱讀投影片導言，就了解投影片的主張。

□ 圖解可利用「圖示」補充說明。

□ 照片必須維持「長寬比例」，也可利用「裁剪」功能調整大小。

PowerPoint簡報製作

圖表的大原則

第10章 圖表的大原則

前面已經為大家介紹「條列式」與「圖解」這兩種在6章製作骨架佐證的方法，本章要為大家介紹最後一種的圖表。一起學習製作圖表時的大原則吧。

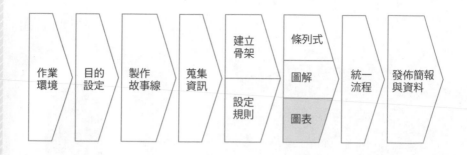

企業顧問對圖表的使用方法有著異於常人的執著，**因為圖表的選擇方式或呈現方式左右了說明企劃的方向，也決定了提案的成敗**。還記得在某個行銷專案進行量化調查時，我根據資深顧問的調查結果製作了圖表。雖然一直做圖表到了凌晨兩點，但還是未能強化要傳遞的內容。

隔天出席早晨會議時，我製作的資料被資深顧問徹頭徹尾地修改了一遍。雖然資料的內容都一樣，但前輩選擇的圖表型式及排列圖表的方式與我完全不同，卻讓量化的調查結果變得更具說服力，而且客戶也因為這份調查報告而製作了新的宣傳企劃。經過這件事之後，我深深覺得，即便是同一份資料，圖表的選擇方法與排列方式會讓最終的結果大不相同，我也因此體會到圖表這門學問是多麼深奧。

圖表的重點在於「選擇方式」與「呈現方式」。毫無章法地挑選與呈現圖表，只會做出難以閱讀的圖表，讀者也看不懂要傳遞的訊息。圖表的「選擇方式」與「呈現方式」是有規則的，只要學會這些規則，就能做出容易讀懂的圖表，也能讓資料更具「獨立閱讀」、「讓人採取行動」的特性。

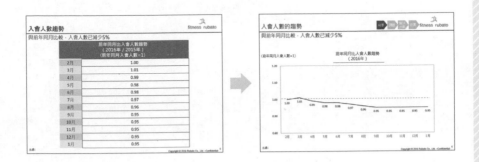

本章的目標在於將表格的數字製作成簡單易懂的圖表。讓我們依照①選擇圖表、②外觀圖表、③強調圖表、④整理圖表的順序，學會製作圖表的方法。

① 選擇 ▶ ② 外觀 ▶ ③ 強調 ▶ ④ 整理

從「5種圖表」選擇圖表

製作圖表的第一步，從「選擇圖表」開始。

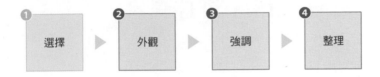

基本上，盡量從5種圖表選擇要使用的圖表，而這5種圖表分別是「堆疊直條圖」、「橫條圖」、「直條圖」、「折線圖」、「散佈圖」。圖表當然還有很多種，但只要記住這5種，便很夠用了。

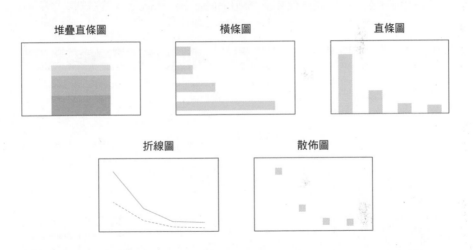

圓形圖不在這5種圖表之內，因為**圓形圖雖然很常見，卻不太適合用於資料比較**。圓形圖屬於利用面積或圓周長度比較明細的圖表，所以很難比較不同的項目。當我還在外資公司擔任顧問時，上司也告誡過別使用圓形圖，要用圓形圖呈現的內容大多可利用直條圖或堆疊直條圖代替。

109 透過「指南」選擇圖表

◻ 選擇圖表的圖表指南

製作資料時，可依照要比較的資料內容從5種圖表中選擇理想的樣式，而選擇方法已整理成下列的指南。只要知道需比較的內容，就能透過這個指南選用適當的圖表。使用圖表指南時，第一步要辨別比較的內容。

	組成元素比較	項目比較	時間軸比較	頻率分佈比較	相關性比
堆疊直條圖	▬▬▬	▮▮▮▮	▮▮▮		
橫條圖		▬▬▬			
直條圖		▮▯▯	▯▯▮	▯▮▯	
折線圖			╱	⌒	
散佈圖					˙˙

出處：《ジーン・ゼラズニー（2004）マッキンゼー流図解の技術》局部改寫。追加了堆疊直條圖，也在直條圖的項目加上項目比較的使用方法。

◻ 5種比較

為了掌握圖表的使用方法，要先了解5種適合的表現模式。

【組成元素比較】

「組成元素比較」就是比較單一公司、商品銷售額及利潤組成元素這類「明細」的類型，例如單一組織各商品銷售資料明細的比較，或是各地區商品銷售資料明細的比較，都是很常見的應用。下列表格是A公司在各地區的業績明細比較表。

● 組成元素比較的範例

	A公司業績（2016年、億元）
日本	540
歐洲	320
美洲	150
合計	1,010

比較整體的明細

【項目比較】

「項目比較」就是比較彼此獨立的資料，例如問卷資料的比較，多家企業業績資料的比較，都屬於項目比較的一種。下列表格為多間企業的業績比較表，從中可以發現各家公司的業績之間沒有關聯性，所以屬於項目比較的範疇。

● 項目比較的範例

	A公司	B公司	C公司	D公司
業績（2016年、億元）	1,010	750	640	520

比較彼此獨立的資料

【時間軸比較】

「時間軸比較」是依照時間順序排列資料，比較資料在不同時間點的變化。例如比較市場規模、市佔率的變動有助於掌握市場環境與預測未來。下列表格是A公司從2011年到2016年的業績變化比較表。

○ 時間軸比較的範例

	A公司業績（億元）
2011	970
2012	1,020
2013	1,000
2014	950
2015	980
2016	1,010

比較資料在時間軸上的變化

【頻率分佈比較】

「頻率分佈比較」是資料出現頻率的比較，例如英語或數學的分數分佈或是業務員每人平均業績比較，都屬於此類。下表是A公司業務員每人業績分佈比較表。

○ 頻率分佈比較的範例

A公司業務員每人平均業績（億元）	人數
0-0.5億元	26
0.5-1億元	70
1億-1.5億元	110
1.5-2億元	155
2-2.5億元	115
2.5-3億元	70
3億元-	28

資料出現頻率的比較

【相關性比較】

「相關性比較」就是比較兩筆資料之間的關聯性，例如說明自家公司自開始銷售的年度與業績之間的關聯性，便屬於相關性比較的一種。從下表可看出業績與利潤之間的關聯性，不難發現兩者呈正相關。

○ 相關性比較的範例

	A公司業績（億元）	A公司營業利益（億元））
2011	970	48
2012	1,020	60
2013	1,000	55
2014	950	50
2015	980	53
2016	1,010	55

比較兩筆資料之間的關聯性

下表整理了這5類的特徵。只要了解這些比較的種類，就能選出理想的圖表。

種類	說明	實例
構成要素比較	比較單一產品或服務的明細	A公司的各地區銷售額
項目比較	比較彼此獨立的資料	多間企業的銷售額比較
時間軸比較	比較資料於時間軸上的變化	A公司的銷售額趨勢
頻度分布比較	比較資料出現的頻率	A公司的業務員每人平均銷售額分佈情況
相關性比較	比較兩筆資料之間的關聯性	A公司的業績與營業利益的比較

10

圖表

110 比較明細的「堆疊直條圖」

■ 呈現資料明細的「堆疊直條圖」

堆疊直條圖適合用來比較「**資料明細**」，**可一邊呈現資料的整體規模**，也可呈現組成資料的每筆資料的規模或比例。讀者可視覺化判斷每一筆資料在整體資料之中的佔比。

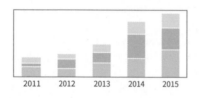

適合比較資料的組成元素
例如市佔率、各地區業績趨勢這類資料

堆疊直條圖常於業種的市佔率或公司內部各地區業績這類「組成元素」的比較上，也用於比較多家公司各區業績的「項目比較」，或以時間軸比較公司業績構造的「時間軸比較」。

A 公司各地區業績（2016 年）

	A公司業績（2016年、億元）
日本	540
歐州	320
美州	150
合計	1,010

另一方面，若想比較自家與其他公司的市佔率，折線圖會比直條圖更適合。折線圖可清楚呈現出自家公司與其他公司的不同之處。

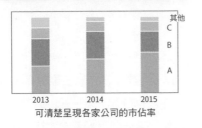

想了解各家公司的市佔率

可清楚呈現各家公司的市佔率

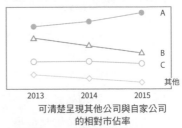

想比較自家與其他公司的市佔率的情況

可清楚呈現其他公司與自家公司
的相對市佔率

▼ 健身房實例 選擇圖表－堆疊直條圖

「我」正在思考在說明宣傳方案的「效果」投影片要使用何種圖表，說明兩個宣傳方案搭配之後的入會人數增長預測。由於這份資料包含了說明宣傳方案效果的明細，屬於「組成元素比較」的範疇，因此選擇了堆疊直條圖。這樣便能同時呈現兩個方案搭配之下的效果，以及各方案的個別效果。

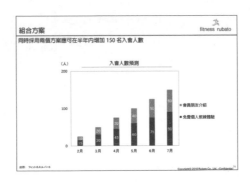

■ 利用橫條比較數量的「橫條圖」

橫條圖是利用橫條長度比較資料的圖表，橫條越長，資料的量越多，越短則越少，主要用於比較互無關聯性的資料，也就是「項目比較」的情況。由於橫條圖屬於橫長的圖表，所以很適合顯示名稱較長的項目。

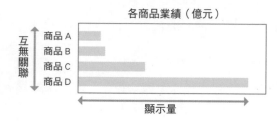

橫條圖常用於比較業績、利潤與問卷結果。

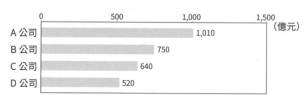

業界四大龍頭業績（2016 年）

	A公司	B公司	C公司	D公司
業績（2016年、億元）	1,010	750	640	520

▼健身房實例 選擇圖表－橫條圖

撰寫健身房宣傳企劃時，「我」決定在「課題」投影片說明問卷調查的結果，也將「健身房體驗課程需付費」、「不知道器材如何使用」列為課題。

我準備挑選適當的圖表說明這項問卷調查的結果，由於問卷調查的題目如「沒有時間」、「沒有閒錢上健身房」都是互無關聯性的題目，所以我覺得可使用適合「項目比較」的圖表。此外「沒有閒錢可上健身房」與「不知道器材如何使用」的題目名稱都太長，所以選用橫條圖。

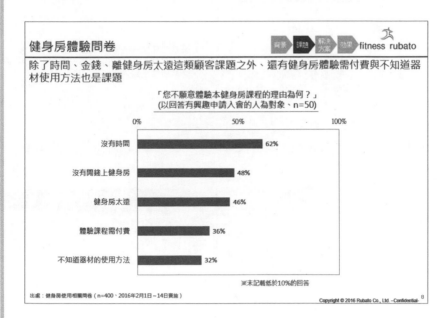

10

圖表

112 利用高度說明變化的「直條圖」

■ 利用直條高度說明數值大小的「直條圖」

直條圖運用的是直條的高度來比較資料，閱讀方向為由左至右的方向閱讀資料，所以只要由左至右列出時間，就能加上「時間軸比較」的作用。

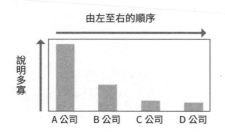

由左至右的順序

說明多寡

A公司　B公司　C公司　D公司

· 以直條的高度說明數值高低
· 適合說明具有時間軸這類由左至右順序的資料
· 適合說明業績類具累積性的資料

直條圖適合說明營業額、銷售數量以及利潤這類隨著時間變化的資料。

A公司業績變化

	A公司業績（億元）
2011	970
2012	1,020
2013	1,000
2014	950
2015	980
2016	1,010

直條圖適用於「時間軸比較」的情況，也能於「項目比較」或「頻率分佈比較」應用。

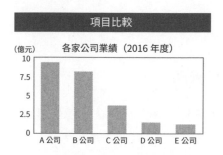

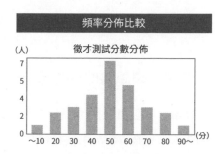

▼ 健身房實例 選擇圖表－直條圖

「我」正在思考要在說明宣傳方案「效果」的投影片要使用何種圖表來說明入會人數預測資料。由於入會人數預測資料為2月～7月的時間軸資料，所以選用了直條圖。

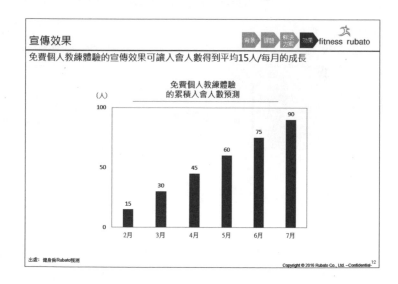

113 說明增減或趨勢的「折線圖」

■ 以點、線說明增減或趨勢的「折線圖」

折線圖是以點以及點與點串成的線說明資料的圖表，所以具有①「**以點說明**」、「**②以線說明**」的特徵。

就①的「以點說明」而言，適合比較比例（％）、指數（以過去資料為100的數值）這類資料。比例或指數都是為了說明資料的變化，而將原始資料轉換成比例或指數的數據，例如單位為％的利益率就是利益÷業績的結果。這類數據並非絕對值，而是加工過的相對值，所以很適合以「點」說明。在下列範例之中，利益額為數據，所以利用直條圖說明，而利益率則是計算所得的數據，則以利用折線圖來說明。

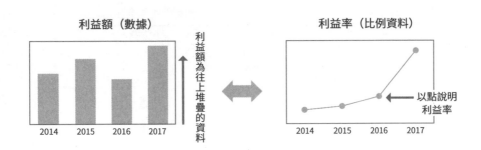

基於上述特徵，折線圖適合說明營業利益率趨勢、前年同月比業績趨勢、再購率這類數據比較的情況。下列為說明每年利益率趨勢的折線圖。

A 公司營業利益率趨勢（2011 年～2016 年）

	A公司業績（億元）	A公司營業利益（億元）	營業利益率
2011	970	48	5.4
2012	1,020	60	5.9
2013	1,000	55	5.5
2014	950	50	5.3
2015	980	53	5.6
2016	1,010	55	5.7

②的「以線說明」則適合說明數據在點與點之間的增減或傾向，在資料趨勢的「時間軸比較」或「頻率分佈比較」使用。

時間軸比較

自家公司營業利益率趨勢

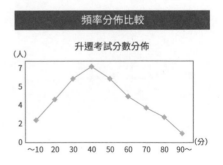

頻率分佈比較

升遷考試分數分佈

■ 「折線圖」可呈現多筆資料

折線圖的強項在於同時呈現多筆資料的傾向，例如比較多間企業或商品
市佔率於時間軸的變化時，就非常適合使用折線圖。

商品 A、B、C 的市佔率趨勢

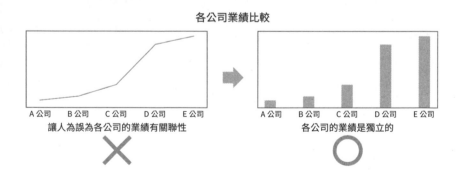

相反的，折線圖的弱點在於不適合「項目比較」這種比較資料彼此獨立
的情況，因為以折線串連的資料之間具有相關性。下圖是A公司～E公司
的業績圖表，若改用折線圖，就會讓人誤以為各公司之間的業績具有相
關性，此時比較適用的圖表應為直條圖。

各公司業績比較

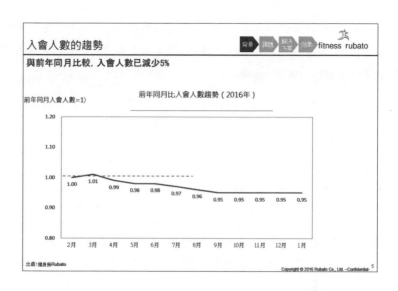

▼ 健身房實例 選擇圖表－折線圖

撰寫健身房宣傳企劃時，「我」為了說明前年同月比的入會人數趨勢，打算在「背景」投影片使用圖表。有鑑於這筆資料是以前年同月的數據為1的指數資料，所以我選擇了折線圖，如此一來，就能發現入會人數的減少趨勢，讀者也能更了解投影片的內容。

10

圖
表

■ 說明兩個元素相關性的「散佈圖」

散佈圖可利用直軸與橫軸說明兩種資料的關聯性。一般而言，通常會將被視為原因的資料放在橫軸，再將結果的資料配置在直軸。**散佈圖通常會用於分析兩種資料的相關性。**

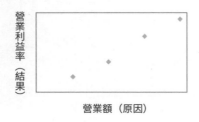

· 適合說明相關性
· 適合比較利益率與營業額或 GDP 與就學率這類數據

常見的有說明業績與利益率相關性的情況。當業績上升，產生「規模經濟」的效果後，營業過程就更有效率，而就結果而言，利益率也上升。此時最適合說明這類情況的就是散佈圖，可將業績這類被視為原因的資料配置在橫軸，再於直軸配置被視為結果的利益率資料。

A 公司業績與營業利益率
（2010 ～ 2015 年）

	A公司業績 （億元）	A公司營業利益（億元）
2011	970	48
2012	1,020	60
2013	1,000	55
2014	950	50
2015	980	53
2016	1,010	55

□ 散佈圖可於資料筆數較多的情況使用

若在資料筆數太少的情況使用折線圖，無法看出兩種資料之間的相關性，通常會搭配直條圖，或是以其他的方式說明資料。

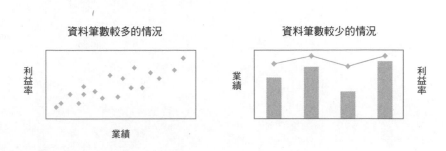

資料筆數較多的情況

利益率 / 業績

資料筆數較少的情況

業績 / 利益率

▼ 健身房實例 選擇圖表－散佈圖

「我」想以圖表說明「會員住家與健身房的距離」以及「會員續約期間」的相關性，猜測兩種資料之間具有相關性，所以選擇了散佈圖。如此一來，就能證實比起免費體驗傳單，免費個人教練體驗的宣傳方式可得到更長的續約率，即使住家離健身房較遠，會員也較有續約的意願。

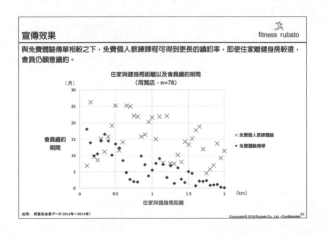

391

大原則

根據「比較種類」選擇圖表

到目前為止，說明了各種圖表的特徵與用途，接著要進一了解如何根據 P.377介紹的種類挑選圖表。看了圖表指南就會知道「組成元素比較」的情況可選擇堆疊直條圖，「相關性比較」的情況可選擇散佈圖，但有些比較種類卻得選擇多種圖表才能完整比較。

以「項目比較」的情況為例，有時得選用堆疊直條圖、橫條圖、直條圖，「時間軸比較」則可從堆疊直條圖、直條圖與折線圖選擇。「頻率分佈比較」則可從直條圖或折線圖選擇。接著，為大家介紹**根據比較種類挑選圖表的基準，讓大家了解選出理想圖表的方法。**

	組成元素比較	項目比較	時間軸比較	頻率分佈比較	相關性比
堆疊直條圖					
橫條圖					
直條圖					
折線圖					
散佈圖					

115

「項目比較」的情況可從 3種圖表挑選適當的圖表

■ 在「項目比較」的情況下，若項目名稱太長就使用「橫條圖」

「項目比較」可用來比較彼此獨立的資料，例如問卷調查的結果、多家企業的業績……，都屬於這類資料。比較企業間的業績時，因為各家的業績並沒有相關性，偏向「項目比較」的情況，建議選擇堆疊直條圖、橫條圖或是直條圖3種圖表的其中一種。

以挑選圖表的方法而言，**想要闡明資料明細就挑選堆積直條圖**。下列為了說明各家公司在國內外的營業案明細，採用了較為適當的堆疊直條圖。

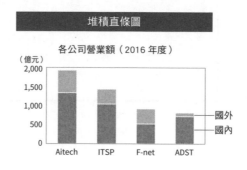

如果項目名稱太長，則推薦使用橫條圖。當項目名稱較短時，可選擇直條圖或是橫條圖。

下列屬於「項目比較」的問卷調查資料就因為項目名稱有點太長，所以橫條圖比直條圖更適用。

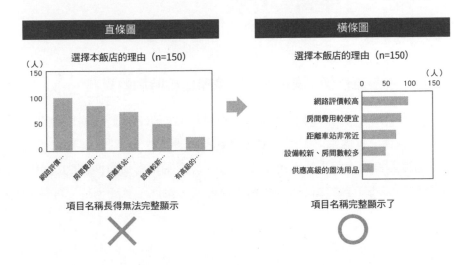

下列的企業營業額比較雖然也屬於「項目比較」，但企業名稱較短，所以直條圖與橫條圖都適用。

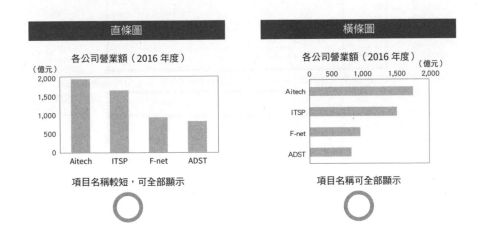

■ 利用堆疊直條圖、直條圖、折線圖比較時間軸資料

「時間軸比較」就是利用時間軸來比較資料的意思，此時可從堆疊直條
圖、直條圖與折線圖之中選擇需要的圖表。讓我們利用下列的資料學會
上述3種圖表的使用方法。這次要學習的包含①具有資料明細②具有%
或指數、③多筆資料這3種時間軸比較模式，藉此了解如何挑出理想的
圖表。

（億元）

			2010	2011	2012	2013	2014	
A公司	業績③		2,500	2,600	2,300	2,600	2,800	③多筆資料的 時間軸比較
	①	日本	1,000	1,100	900	1,000	1,100	①資料明細的 時間軸比較
		北美	600	600	600	700	700	
		歐洲	600	500	400	400	400	
		其他	300	400	400	500	600	
	毛利		250	270	190	260	270	
	毛利率 ②		10.0%	10.4%	8.3%	10.0%	9.6%	②％或指數的 時間軸比較
B公司	業績③		2,000	2,200	2,100	2,300	2,500	
C公司	業績③		1,500	1,400	1,200	1,100	1,100	

③多筆資料的時間軸比較

① 以時間軸比較資料明細的情況→堆積直條圖

堆積直條圖是同時使用組成元素與時間軸這兩種比較模式。例如，要以時間軸比較自家公司在不同地區的業績或是市佔率變化，就可使用堆疊直條圖。在此是以堆疊直條圖說明A公司在日本、北美、歐洲與其他地區的營榮額趨勢。

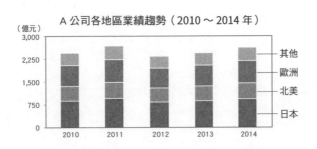

A 公司各地區業績趨勢（2010～2014 年）

② 以時間軸比較%或指數這類資料時，可使用折線圖

含有%或指數這類資料可使用折線圖。例如將自家公司的營業利益率趨勢或前年同月資料設定為100，比較每月業績指數變化的情況，就可使用折線圖。在此是利用折線圖說明A公司的毛利率趨勢。

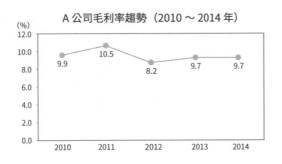

A 公司毛利率趨勢（2010～2014 年）

10

圖表

③ 以時間軸比較多筆資料的情況→折線圖

要以時間軸比較多筆資料可使用折線圖。例如，比較自家公司與其他公司商品的業績趨勢或市佔率變化，就可使用折線圖。在此是以折線圖比較A、B、C這三家公司的業績趨勢。

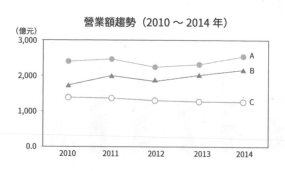

營業額趨勢（2010～2014 年）

④ 上述之外的時間軸比較→直條圖

若不屬於上述任何一種時間軸比較，可選用直條圖。尤其當資料不是%或指數這類加工過的數字，而是營業額這類實際數據時，更是適合使用直條圖。比較自家公司業績金額趨勢、銷售量趨勢、員工人數趨勢就很適合使用直條圖。在此是以直條圖說明A公司的業績趨勢。

A 公司業績趨勢（2010～2014 年）

---

column 站在觀看者的立場挑選圖表

進行時間軸比較時,有時會不知道該選擇①的堆疊直條圖還是③的折線圖。例如要比較的是三間公司的市佔率趨勢,不管是堆疊直條圖還是折線圖,似乎都很適合。如果從市佔率明細的觀點來看,這種比較屬於組成元素比較,所以①的堆疊直條圖比較適合,但是從比較多筆資料的觀點來看,③的折線圖就比較適合。

這時候請考慮讀者的立場再挑選。例如分析師或投資者會想了解整體市場的勢力分佈圖如何變化,此時就比較適合使用堆疊直條圖。若讀者為業務部分,就有可能會想知道自家公司與其他公司的相對市佔率,此時使用折線圖就比較適合。

挑選圖表時,連同讀者的立場一併納入考慮,將可做出更簡單易懂,更能獨立閱讀的資料。

堆疊直條圖

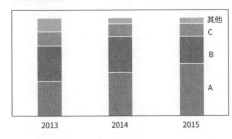

可綜觀全局→適合分析師、投資者

折線圖

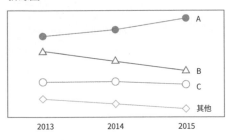

可了解相對市佔率→適合公司內部
或行銷、業務部門

10

圖
表

「頻率分佈比較」使用
直條圖是基本原則

■ 頻率分佈比較可選用直條圖或折線圖

「頻率分佈比較」就是比較資料的出現頻率，此時可選用直條圖或折線圖。若只有一種資料，可選用直條圖，因為可一眼看出資料的規模。

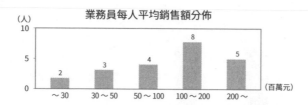

若要比較多種資料的分佈情況則可使用方便呈現多種資料的折線圖。例如，想要比較英語與數學的分數分佈情況，或是想要比較透過商品A與商品B比較業務員每人平均銷售額，都屬於這類情況。

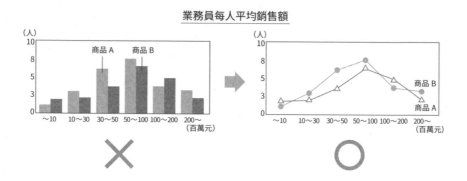

┌─ 原則 ─┐
│ **118** │ **比較與使用圖表的「指南」**
└────┘

■ 可透過比較種類與使用情況選擇圖表

到目前為止，介紹了各種比較與使用圖表的情況，經過整理之後，可得到下列結果。若是「組成元素比較」的情況，就選用堆疊直條圖。而「項目比較」則可在項目名稱較長時選用橫條圖，項目名稱較短時，選用直條圖，若要比較資料明細則可選用直條圖。若要比較多項資料或是%、指數等數據，不妨選擇折線圖；此外，若需要加入明細，還可選擇堆疊直條圖。進行「頻率分佈比較」時，若資料只有一種可選擇直條圖，如果資料有很多種，建議選用折線圖。最後，「相關性比較」可選擇散佈圖。

但想要記住所有適用情況來選擇圖表並不容易，建議大家複製下表，直接貼在辦公桌上。

10

圖表

比較種類	使用情況	使用圖表
組成元素比較	-	堆疊直條圖
項目比較	項目名稱較長	橫條圖
	項目名稱較短	直條圖
	比較資料明細	堆疊直條圖
時間軸比較	比較一種資料	直條圖
	比較多種資料	折線圖
	比較%或指數這類點資料	
	以時間軸比較資料明細	堆疊直條圖
頻度分布比較	比較一種資料	直條圖
	比較多種資料	折線圖
相關性比較	-	散佈圖

不要使用圓形圖

製作資料時,別使用常見的圓形圖。理由之一是圓形圖是利用圓周與面積來比較
資料數據,很難進行正確的比較。圓形圖很常用來說明個別資料於整體資料的佔
比,但以圓周或面積呈現佔比,很難一眼看出數據之間的明顯差異。若想比較資
料,建議利用堆疊直條圖代替圓形圖,才能透過直條的高度迅速進行資料比對。

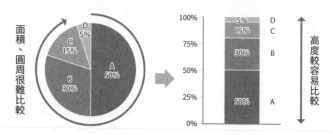

尤其當要比較多個圓形圖時,更是該換成堆疊直條圖,資料才會容易閱讀。

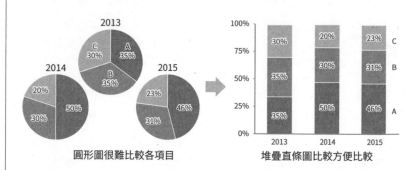

圓形圖很難比較各項目　　　　堆疊直條圖比較方便比較

第二個原因是圓形圖很難在項目數量較多的情況下進行比較。若能改成直條圖，將更簡單易懂。

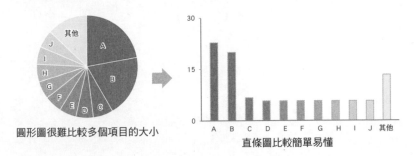

圓形圖很難比較多個項目的大小

直條圖比較簡單易懂

此外，絕對不要使用3D圓形圖。下圖的一號、二號資料雖然一樣大，但是位於前景的資料看起來會比較大，容易讓人誤以為一號資料比其他資料的規模都大。

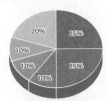

3D 會讓前景的資料放大

唯一可使用圓形圖的情況是項目不超過三個，而且25%、50%、75%這類數字顯得特別重要的情況，因為這時候的圓形圖可清楚呈現1/2或1/4這類大小。假設想呈現兩個項目就已過半的情況，就非常適合使用圓形圖。

可一眼看出 A 的佔比
為 75%

可一眼看出 A 的佔比
為 50%

大 原 則

圖表的說服力會因
「外觀」改變

到目前為止，大家應該能正確選出需要的圖表了，接著調整圖表的「外觀」。我常看到只有資料的圖表，但其實稍微修改一下圖表的外觀，可讓圖表變得更簡單易讀。

圖表的「外觀」包含「**篩選資料**」、「**資料順序**」、「**複合圖表**」這三個重點。傳遞資訊時，去蕪存菁，留下重要的資料是非常重要的步驟，而且圖表資料的順序也非常重要，必須根據規則調整資料的順序。當要於單一圖表呈現多種資料時，最適合使用複合圖表。

若能製作符合上述三項重點的圖表，讀者一定能快速了解圖表的內容，也就更能製作出不需說明也能「獨立閱讀」的資料。

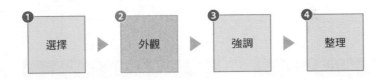

119 圖表只放「重要資料」

▣ 將多餘的資料整理至「其他」或是只留重要關鍵

圖表的資料儘量只留重點，做法有①將多餘的資料整理至「其他」，②只留下重要資料這兩種。**以「組成元素比較」的情況而言，不那麼重要的資料可整理至「其他」。**下列的範例將北美、歐洲、日本以外的市場歸類至「其他」，所以圖表也變得更加簡單易懂，不過想要這樣做好整理，必須先擬訂整理規則，例如下列是將20億元以下的市場歸類至「其他」。

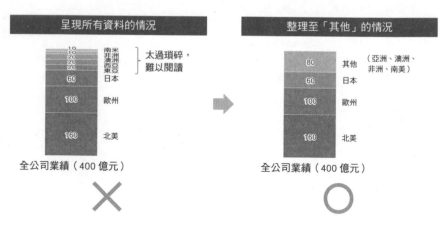

「項目比較」或「時間軸比較」則可使用只留下重要資料的方法。在下列的「項目比較」範例之中，該與自家公司比較的只有A公司與B公司，所以只需要將這兩間公司的資料放進圖表，C公司之後的公司則不需要放入圖表，再以「註記」說明排除基準。

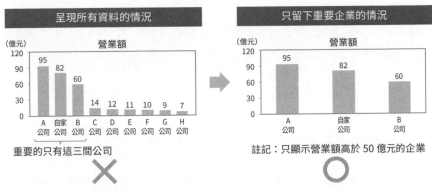

「時間軸比較」的情況只顯示重要年度。在下列的範例之中，08年之後的業績急速成長的資料比較重要，所以排除07年之前的資料，只呈現08年之後的資料。

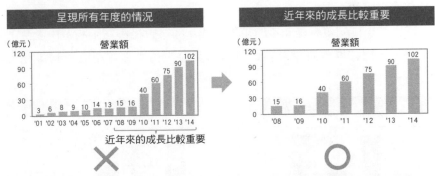

要注意的是，進行「時間軸比較」之際，不該漏掉中間的資料，一旦如下遺漏中間的部分，就會讓人誤以為業績突然飆漲。

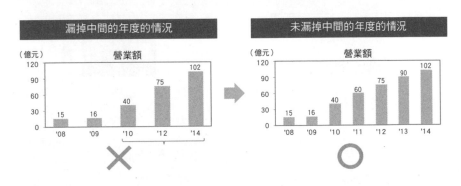

10

圖表

圖表的資料可依照「大小」、「重要度」、「種類」排列

■ 先依照大小排列是排列圖表資料的準則

注意資料的排列順序可讓圖表瞬間變得簡單易懂。資料的排序方式共有3種，這3種有時會單獨使用，有時會搭配使用。讓我們依序看看這3種方法。

① 依大小排列

從大至小排列資料是基本的排列方式。通常會是由左至右、由上至下排列，例如堆疊直條圖就是將大的資料擺在下方，小的資料排在上方。

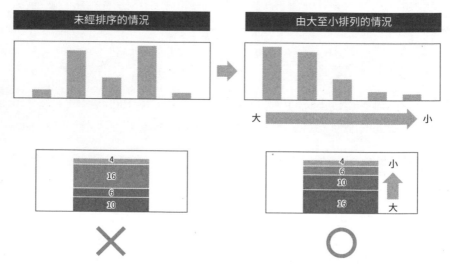

② 依照重要度排列

這是將重要的資料排在第一順位的排列方式，如果有要讀者特別注意的資料，就可採用這種方法，例如將自家公司排在第一位，競爭對手排在後面。將重要資料排在第一順位之後，接著再依照大小的順序排列。

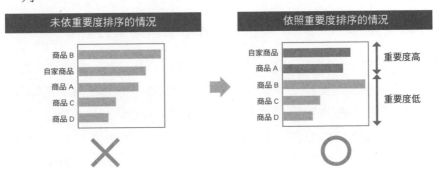

③ 以種類歸類

這是將種類相同的資料放在一起的排序方式。不同種類的資料混在一起，很可能讓讀者產生誤會。例如將銷售特定商品的專業公司（B、E）與銷售多樣商品的綜合公司（A、C、D）從事的領域不同，無法進行有意義的比較，所以應該分成綜合公司與專業公司這兩群再進行排列。

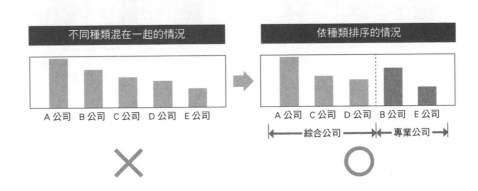

10

圖
表

121 統一多個圖表的「資料排列順序」

▣ 以某個圖表為基準，統一每張圖表資料的排列順序

有時候會在一張投影片配置多個圖表，比較同一種資料，此時務必讓所有圖表的資料以相同的順序排列。例如，比較商品A、商品B、商品C在日本、美國、歐洲的銷售情況時，若依照由大至小的順序排列這3種商品在3個市場的銷售狀況，很可能會排出亂七八糟的順序，讀者也很難看得懂。此時該做的是統一這3種商品在每個圖表的順序，讓讀者能一眼看出商品與日本、美國與歐洲市場的對應關係，也比較容易比較各商品在不同市場的銷售情況。

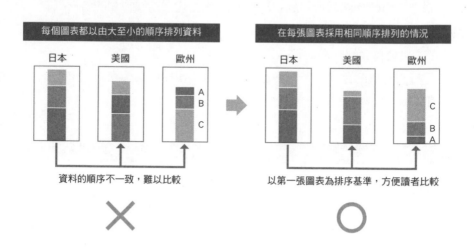

要注意的是，做為基準的圖表要依照前一節所說的「大小」、「重要度」、「種類」這三個原則排列。換言之，而當成基準的圖表也必須依照準則決定資料的順序。

若要調整資料的排列順序，可在PowerPoint的圖表上按下滑鼠右鍵，點選「編輯資料」。開啟Excel工作表之後，再利用內建的功能排序。假設資料太多，可先利用Excel的排序命令調整資料的順序，再貼入PowerPoint的圖表，這是更有效率的做法。

企業顧問現場

在企業顧問業界常可聽到apple to apple這句話，指的是，要比較就拿種類相同的東西進行比較，別拿不同種類的東西來比較。例如被問到「富士」與「約拿金」這兩種蘋果喜歡哪種時，大部分的人都能立刻回答才對。

除了上述那句英文，其實還另有一句apple to orange，意思就是讓種類不同的東西進行比較。換言之，若被問到喜歡「蘋果」還是「橘子」，通常會因為各有優點而無法單純的比較這兩者，也很難立刻回答這個問題。這種讓種類不同的東西進行比較的情況，也不該在使用圖表時發生。

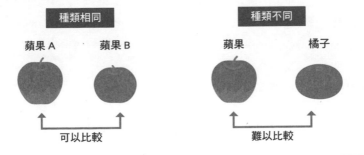

10
圖表

411

122 利用「複合圖表」呈現兩種資料

◘ 利用兩條座標軸呈現兩種資料

若想同時呈現兩種資料，可使用方便的複合圖表，**尤其當這兩種資料的大小明顯不同時**，最適合使用能清楚呈現雙方變化的複合圖表。下列是同時呈現營業額與營業利益趨勢的情況。相較於營業額，營業利益明顯較少，若將兩者整理成單張圖表，將看不出營業利益的變化，所以本書選擇以複合圖表呈現，兩者的趨勢與變化也變得更加簡單易懂。

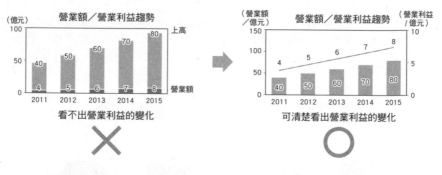

◘ 利用兩種資料傳遞資訊

即使兩種資料的單位不同，也能利用複合圖表呈現。以下列的範例為例，門市數量與員工人數這兩種資料各有不同的單位，原本是以不同的圖表呈現，但是利用複合圖表呈現之後，資料變得更簡單易懂。

複合圖表也很適合想從兩種資料擷取單一訊息的情況下使用，若是資料之間不具關聯性，就不適合使用複合圖表。

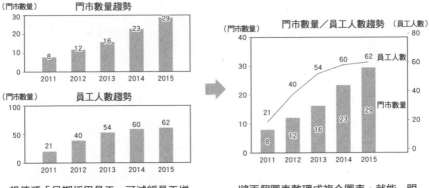

想傳遞「早期採用員工,可減緩員工增加數量,成功增加門市數量」的訊息

將兩個圖表整理成複合圖表,就能一眼看出趨勢

□ 組合圖表時,需注意座標軸的值

使用複合圖表時,必須在組合圖表之際,特別注意座標軸的值。

① 直條圖與折線圖的組合較方便閱讀

最簡單易懂的複合圖表莫過於直條圖與折線圖的組合。建議在左軸配置直條圖,並在右軸配置折線圖。點選①「插入」分頁→②「圖表」→③「組合圖」,再勾選於數列2配置座標軸的④「數列2」,最後按下⑤「確定」。

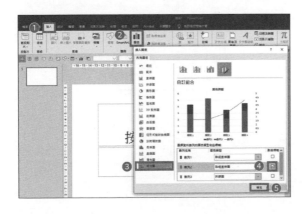

② 調整座標軸的值，別讓圖表重疊

複合圖表裡的兩張圖表若是重疊，就會變得不容易閱讀，所以要記得調整座標軸的值，別讓圖表重疊。

從下列的範例可以發現，門市數量的直條圖與員工人數的折線圖重疊，也比較不方便閱讀，此時若將門市數量的座標軸最大值從30調升至40，直條圖的高度就會縮短，兩邊的資料也變得更清楚易讀了。

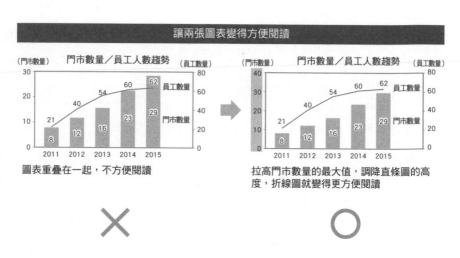

調整最大值的操作是先在圖表的①「數列2」按下滑鼠右鍵，接著選擇②「座標軸格式」，再於③「最大值」輸入數值。

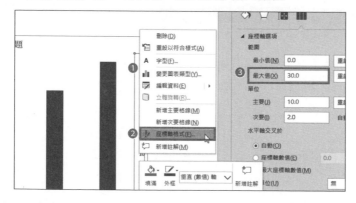

▼ 健身房實例 圖表的外觀

「我」決定使用圖表呈現「不想體驗本健身房的理由」的問卷結果。由於問卷結果屬於項目比較，所以使用橫條圖。

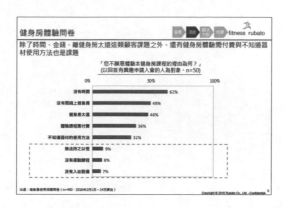

10
圖表

不過低於10%的回答算是少數意見，重要度不高，所以排除。這樣就能突顯需要注意的資料。

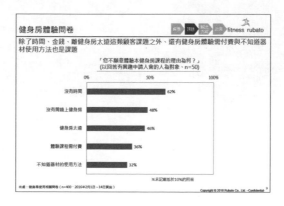

大原則

利用「強調」讓圖表的易讀性更上一層樓

以圖表呈現的資訊之中，有的很重要，有些不那麼重要，若能強調某些重點，讀者不需要閱讀投影片導言，也能瞬間就圖表了解內容。我常看到以紅色的外框或圓形強調重要的資料，但這實在不太好看，於是接下來要為大家介紹美觀的強調效果。

具體來說，**就是利用背景色、箭頭和文字方塊強調圖表的資訊。強調主要分成「範圍強調」與「主張強調」兩種。**這兩種強調方式依照用途分成很多種，尤其「主張強調」共有強調增減傾向、強調差距、追加說明3種，接下來讓我們學習這些強調方式的使用方法。

		使用場景	方法
範圍強調	強調部分資料	想強調圖表裡的個別資料	・調整圖表顏色 ・追加箭頭
	強調多筆資料	想強調圖表裡的多筆資料	・追加背景色
主張強調	強調增減傾向	想於折線圖或直條圖強調增減傾向	・追加箭頭
	強調差距	想於折線圖或長條圖強調兩種資料之間的差距	・追加輔助線 ・追加箭頭
	追加說明	想說明圖表資料的背景，強調做為補充的質化資訊	・文字方塊

123 利用「顏色與箭頭」強調個別資料

■ 利用顏色與箭頭強調個別資料

想強調圖表裡的某項資料時,例如想於多間公司的業績比較圖表強調自家公司的數據時,可使用下列兩種方法。**第一種是變更圖表的顏色,第二種是植入箭頭。不管是哪種方法,使用的顏色都是重點色。**

① 變更圖表的顏色

有時候會看到下圖這種利用橢圓形圈出個別資料的狀況,但這種方式實在不美觀,若想強調個別資料,不妨變更該資料的顏色吧!在要強調的資料連按兩次滑鼠左鍵選取,按下滑鼠右鍵,再於開啟的選單點選「填滿」,就能調整顏色。

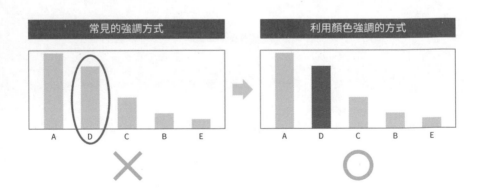

另外，也常見下方左圖這種將其他資料設定為灰色的方法，但這種方法會讓人誤以為其他資料都不重要，所以基本上不太推薦使用這種忽略資料的手法。

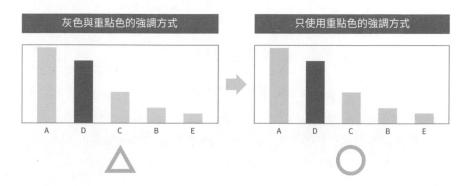

灰色與重點色的強調方式　只使用重點色的強調方式

② 使用箭頭

箭頭可明確指出要強調的資料在哪裡，從「插入」分頁點選「圖案」就能插入箭頭。若仿照下方左圖以圓圈圈選，圖表會變得雜亂，不建議大家採用。

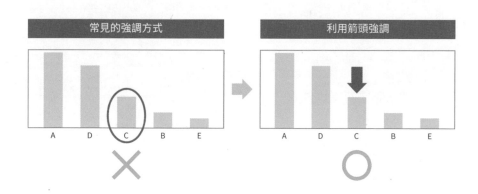

常見的強調方式　利用箭頭強調

10

圖表

124

利用「背景」
強調多筆資料

■ 在背景鋪一層圖案，強調多筆資料

要強調多筆資料，最推薦在背景墊一層重點色的手法。若只是要強調單筆資料，調整圖表的顏色或是追加箭頭即可，但如果要同時強調多筆資料，則必須使用讓這些資料自成一格的強調手法，所以建議在這些資料的背景鋪上一層色塊，強調這些資料的群組性。

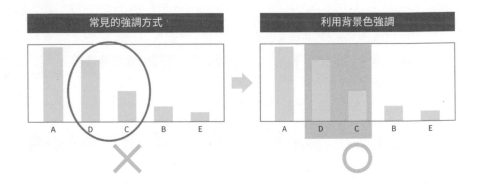

用於強調的圖案可從「插入」分頁點選「圖案」→「矩形」，再於需要強調的範圍植入矩形。點選新增的矩形，點選「格式」分頁→「圖案填滿」，從中點選較淡的重點色，接著再從「格式」分頁點選「圖案框線」→「無外框」，然後從「常用」分頁點選「排列」→「移到最上層」，讓圖案移到最下層。

―― 原則 ――
125 利用「箭頭」強調增減傾向

■ 要強調趨勢就使用箭號圖案

有時候不只需要強調個別與多筆的資料，還需要強調整體的傾向，而此時最能突顯圖表整體增減傾向的就是箭頭。

若是增加傾向，可使用右上箭頭，若是減少傾向可使用右下箭頭，讀者應該能立刻了解圖表的意思。若使用左圖這種以圓圈圈出圖表的手法，只會讓外觀變得雜亂，也看不出到底是往上還是往下的趨勢。建議大家改用箭頭，明確標示出趨勢狀態。

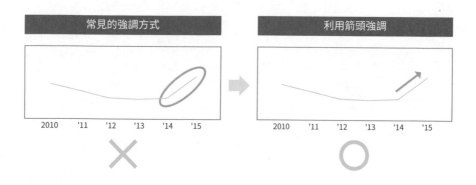

箭頭可從「插入」分頁→「圖案」→「箭號圖案」繪製。點選繪製的箭頭，再點選「格式」分頁→「圖案填滿」，從中選擇重點色，再點選「格式」分頁→「圖案外框」→「無外框」，取消箭頭的外框即可。

利用「輔助線」與「箭頭」強調資料的差距

■ 利用輔助線與箭頭突顯資料的差距

將資料製作成直條圖與橫條圖之後，可利用輔助線搭配箭頭突顯資料之間的差距。以下的範例以項目比較的方式說明各家電信商的手機綁約數。其中希望主張au與docomo之間的明顯差距，但是左側的圖表沒有任何強調效果，所以看不出這個主張，因此本書追加輔助線，再利用箭頭突顯資料之間的差距。

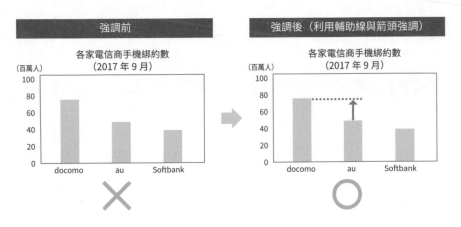

輔助線可點選「插入」分頁→「圖案」→「線條」插入。插入輔助線之後，以滑鼠右鍵點選，再點選「設定圖形格式」，接著在「虛線類型」選擇需要的虛線類型即可。箭頭也可利用「插入」分頁→「圖案」→「線條」插入，再利用「設定圖形格式」設定成箭頭以及調整線條的粗細。

原則

127 利用「文字」呈現強調的動機

■ 利用「文字方塊」說明強調的動機

利用重點色、箭頭強調圖表的資料，接著於適當的位置追加文字，圖表就會變得非常簡單易懂。文字可解釋圖表無法說明的①背景資訊、②理由與③資料分析，例如，文字可說明下列的內容。

①**背景資訊**：「近年兩間公司的業績非常接近」
②**理由**：「因311大地震導致業績銳減」
③**資料分析**：「業績上升，導致人力需求增加」

在下列的範例之中，是以新商品上市時間說明業績急速回升的②理由，圖表也變得更容易閱讀。

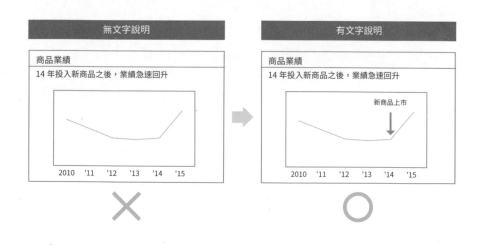

10

圖表

▼ 健身房實例 強調圖表

「我」希望透過圖表說明入會人數減少的傾向,所以利用圖表呈現了前年同月比的入會人數增減趨勢。但光這樣似乎看不出減少的趨勢,於是再加上箭頭強調減少趨勢。這樣就能明確看出前年同月比入會人數減少的傾向。

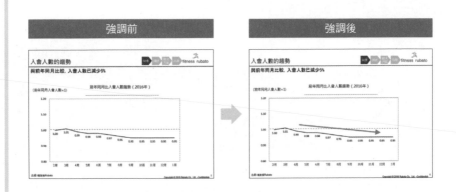

再利用橫條圖說明申請健身房體驗的問卷結果。比起健身房無法處理的前三名問題,健身房可處理的「體驗課程需付費」、「不知道器材的使用方法」這兩點更顯重要。

只是若不加以強調,這第4、5名的答案恐怕不會被注意到,所以我將這兩種資料的顏色換成重點色,希望引起觀看者的注意,並利用強調色的背景來標示項目名稱與資料,藉此突顯這兩項資料的重要性,更方便閱讀。

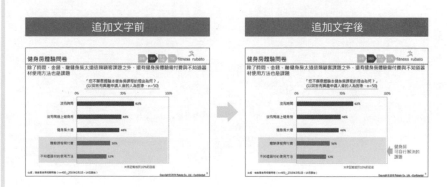

最後，為了讓讀者明白強調第4、5名資料的動機，特別利用文字方塊追加說明文字，強調要主張的內容。若只透過背景色或圖表的顏色強調，可能無法了解為什麼強調這兩項資料，所以再追加了「健身房可自行解決的課題」這句說明，讓讀者了解強調的動機。如此，就算沒閱讀投影片導言，光看圖表也能清楚知道提案者的想法。

10

圖表

大原則

「整理」圖表的
重要元素

經過挑選圖表、設定外觀、加上強調，這3個步驟之後，剩下的就是整理重要元素。這個步驟雖然有些眉角要注意，但只要了解「**追加資料標籤**」、「**統一刻度**」、「**設定圖解**」**的方法**，即便沒有閱讀投影片導言也能快速理解圖表。這些都是在製作圖表時很容易被忽略的細節，只要稍微留意並加以改造，結果便會大不相同。接著，為大家介紹上述3點的具體事項以及相關的PowerPoint操作。

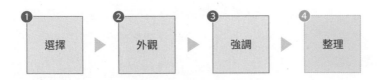

最後，要介紹的是製作圖表一定要遵守的規則。好不容易做好圖表，卻發現沒有單位，或是不知道是何時的資料，豈非得不償失？或許正是因為這些重點實在太理所當然，才這麼容易被大家忽略。在職場中也很常見這些重點被忽略的圖表。

以企業顧問業界而言，只要能遵守這些最底限的規則，就不需要請上司閱讀資料，反過來說，未能遵守這些規則的簡報，就不值得信賴。正所謂見微知著，遵守基本原則，本著耐心，製作出更簡單易懂的圖表吧！

消除「格線」，追加「資料標籤」

■ 消除格線，統一標籤的小數點位數

一般的圖表都會有格線，但一般人很少會根據格線來閱讀圖表，再加上去掉格線看起來畫面也比較乾淨。不過，若要拿掉格線，請記得加入資料標籤以及標記刻度。

若使用的是長條圖與橫條圖，**可將資料標籤配置在圖表外側**，會比配置在圖表內側更容易閱讀。假設使用的是堆疊直條圖，就配置在圖表內側。此外，資料標籤與軸刻度的小數點位數必須統一，如果軸刻度為整數，資料標籤卻為小數點，看起來前後矛盾。最後再統一資料標籤與軸刻度的字型大小。

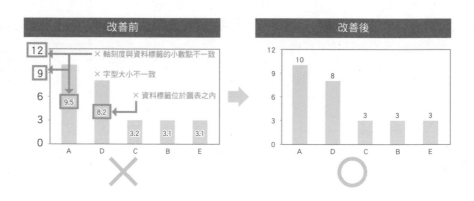

格線只需要在選取後，點選 Delete 鍵即可刪除。

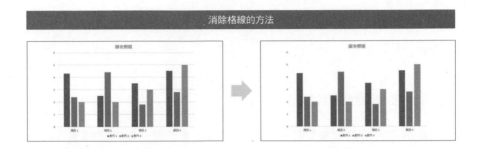

消除格線的方法

資料標籤可先選取①圖表，接著在右上角的②「圖表項目」勾選「資料標籤」，再選擇④插入位置即可。

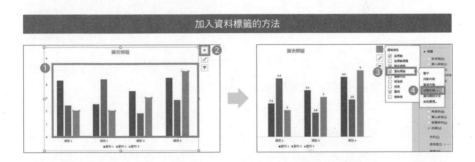

加入資料標籤的方法

小數點的位數可在①圖表的資料標籤按下滑鼠右鍵，點選②「資料標籤格式」，再點選③「數值」→④「類別」，選擇「數值」後，在⑤「小數位數」輸入位數。

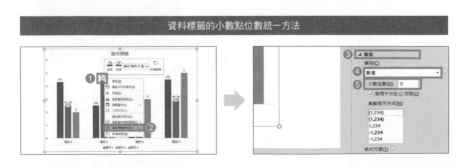

資料標籤的小數點位數統一方法

10

圖表

若使用多個圖表要先
「統一軸刻度」再比較

■ 統一多個圖表的軸刻度再比較

軸刻度的最大值是非常重要的元素，可讓讀者在第一時間了解圖表的規
模，就像是地圖的比例名一樣重要。PowerPoint會根據圖表的資料大小
自動設定軸刻度的最大值。

如果同時植入多個圖表，事先統一好軸刻度的大小，會比較容易比較資
料的差異。例如，要比較同一業界多家公司在美國與日本的業績規模
時，若軸刻度不一致，圖表在不同的基準上很難單純做比較，只能各自
比較這些企業在美國市場與日本市場內的業績規模。

統一這兩張圖表的軸刻度最大值，就能突顯這些企業在美國與日本市場
的差異，也能比較在兩個市場的規模。使用多張圖表時，不能只將注意
力放在單張圖表上，還要連帶思考多張圖表的呈現方式。

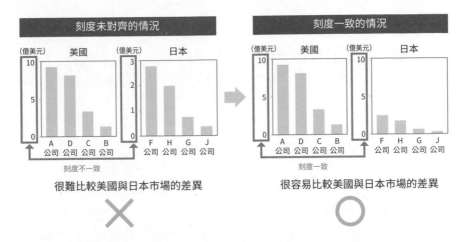

調整軸刻度最大值的方法就是在圖表的①直軸按下滑鼠右鍵，選擇②「座標軸格式」，再於③「最大值」輸入數值。

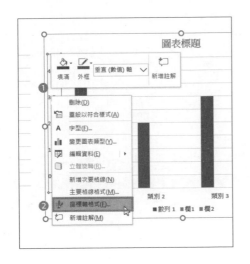

130 圖例利用「文字方塊」自行製作

◼ 利用改造過的圖例讓圖表更簡單易懂

當折線圖與堆疊直條圖的資料太多，很難一眼看懂圖表的內容。究其原因，是PowerPoint預設的圖例太難理解。以下方的圖表為例，多達7項的資料讓圖例與圖表離得很遠，讓人無法一眼看出哪條線代表哪項資料。

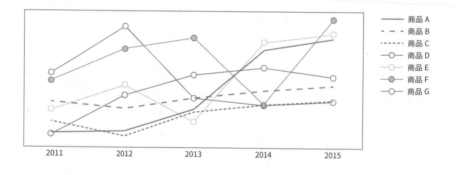

若要讓圖表變得更簡單易懂，必須稍微改造圖例。PowerPoint預設的圖例是矩形外框，在此要將這種圖例改成與各項圖表資料直接對應的「文字方塊」。

以折線圖為例，可在各項資料的折線右端直接顯示圖例。記得將文字方塊的框線設定為「無外框」，避免框線干擾圖例。

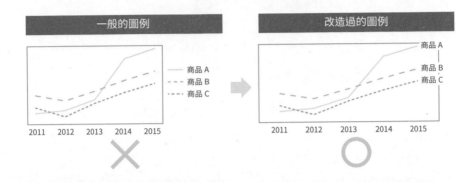

堆疊直條圖的圖例可配置在各項資料的右側，讓讀者一眼看出圖例與資料間的關係，圖表也會變得更簡單易懂。在文字方塊輸入文字之後，於「圖案」選擇「線條」，插入線條即可。

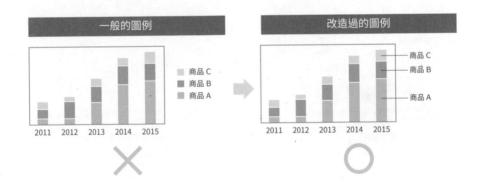

10

圖表

131 確認製作圖表之際的「5個注意事項」

■ 製作圖表的5個注意事項

最後，為大家介紹製作圖表的五5個注意事項。下面先列出改善前與改善後的圖表。

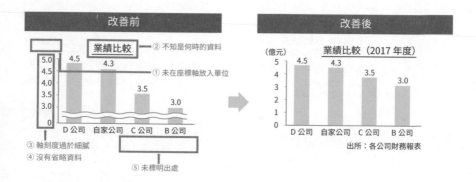

① 未在座標軸放入單位

雖然這是很基本的原則，但還是不要忘記加上單位，否則圖表就失去立足點。建議利用文字方塊插入單位。

② 不知是何時的資料

圖表的資料一定要標明日期，假設是消費者問卷的資料，10年前與5年前的資料可是代表完全不同的意義，所以請務必在圖表標題標示日期。

③ 軸刻度過於細膩

我常看到軸刻度過於細膩的圖表，但其實過於細分的刻度很難閱讀，盡可能不要使用。軸刻度的數字最多5個就好，然後利用圖表的資料標籤補充說明。若想調整軸刻度，可在圖表的①直軸按下滑鼠右鍵，點選②「座標軸格式」，再於③「單位」的「主要」輸入數值。

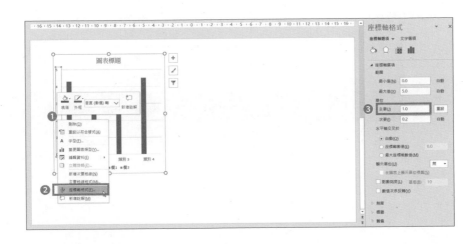

④ 沒有省略資料

有時候會看到省略圖表之間的值，導致資料產生大幅變化的資料，這可是犯了大忌，畢竟資料必須完整才具有意義。同樣的，軸刻度也得從0開始，絕對不要從中途開始（%或指數的圖表除外）。

⑤ 未標明出處

既然是資料，就一定有出處，沒有出處，就無法驗證資料，請務必標示資料的出處。出處可利用文字方塊插入。

10

圖表

圖表一定要利用PowerPoint製作

在PowerPoint使用的圖表務必利用PowerPoint的功能製作。我常看到先在Excel製作圖表,再以「圖片」的格式貼入PowerPoint的例子,但以這種方式製作圖表,之後無法修正內容,此外,若選擇「內嵌活頁簿」再貼入,還會讓PowerPoint的檔案容量變大。再者,若以「連結資料」的方式貼入Excel的圖表,就必須隨時讓Excel與PowerPoint的檔案放在一起,實在很不方便。

因此,在實務裡,要利用PowerPoint製作資料,就一定不會捨近求遠,利用Excel製作圖表,會直接使用PowerPoint。插入圖表的步驟是點選①「插入」→②「圖表」,選擇需要的圖表之後,再插入圖表③,開啟儲存圖表資料的工作表⑤。

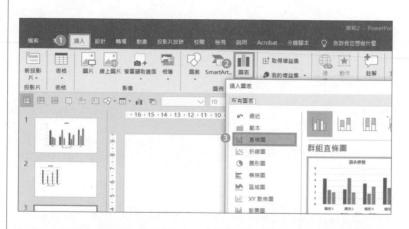

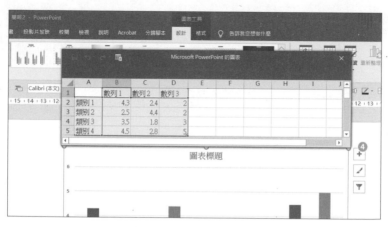

要於圖表使用的資料可先製作成Excel檔案①，再將事先製作的Excel表格貼入於在
PowerPoint開啟的工作表②。若是擔心自己忘記原始資料的Excel檔案的出處，可將
檔案命名成PowerPoint的檔案名稱，並且放在同一個資料夾裡③。

①在Excel製作表格

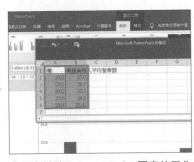

②將資料貼入PowerPoint圖表的工作
表

③統一Excel與PowerPoint檔案的名稱，並於相同的資料夾管理。。

10

圖
表

第10章圖表總結

圖表可依照資料的內容從「堆疊直條圖」、「橫條圖」、「直條圖」、「折線圖」、「散佈圖」選擇。

▶「橫條圖」主要用於比較問卷調查這類互不相關的資料，也適合呈現較長的項目名稱。

▶「直條圖」最適合比較具有時間順序的資料，例如營業額這類會隨著時間變化的資料。

▶「折線圖」適合比較比例或指數的資料，所以可用來比較多間企業或商品市佔率在時間軸上的趨勢。

▶「堆疊直條圖」適合比較「資料的明細」，常用於說明業界的市佔率。

▶「散佈圖」常用於業績與利益這類資料具有相關性的分析。

圖表的外觀也是需要重視的部分。圖表的資料應該只留下「重要的部分」，並且要依照「大小」、「重要度」、種類」的順序排列。

圖表要添加「強調」效果，而強調效果分成「希望讀者注意的強調」以及「強調主張」這兩種，請視情況選用。

最後是「整理」圖表。圖表要植入「資料標籤」與刪除「格線」。「圖例」可利用文字方塊製作。

PowerPoint簡報製作

統一流程的大原則

第11章　整理流程的大原則

我們在之前的章節裡，釐清了簡報的目的，建立了故事線與骨架，也製作了投影片的內容。接下來總算要進入收尾的階段，也就是整理簡報的流程。利用PowerPoint製作的資料就像是紙動畫，基本上是放完一張投影片，才會翻到下一張投影片，**所以觀看者常會覺得投影片之間的關聯性不夠強烈。**

身為製作者有必要花心思打造「簡單易懂的流程」與「整體資料的一致性」，讓資料的流程具體化。

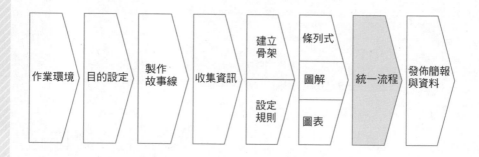

還記得剛成為企業顧問時，我整理的簡報沒什麼規則，也很難閱讀，反觀資深顧問會在每個段落插入目錄，或在投影片的右上角加導覽列或按鈕，資料十分簡單易讀。

接下來，本章將介紹簡化製作流程的祕訣，以及營造資料一致性的方法。

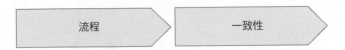

第一步是說明如何在每個區間插入「目錄」，以及透過「導覽列或按鈕」說明簡報流程，讓資料在整份資料之中的定位更加明確的方法。

接著是介紹在投影片的右上角附加導覽、「統一投影片之間的顏色與順序」，以及「重複植入小標」的方法。此外也將介紹應用「Harvey Ball」或「高中低」這類評價呈現資料內容的表示法，好讓觀看者能更清楚了解簡報的內容。

最後介紹「打造資料一致性」的技巧，包含「統一字型」、「統一文字外觀」及「統一小標圖案」等PowerPoint操作，並會介紹如何有效率地完成這部分設定，請大家連同PowerPoint的操作一併學會吧！

讓「資料流程」變得簡單易懂

資料一多，觀看者可能不知道自己正在閱讀整份資料的哪個部分，或是現在閱讀的投影片與哪張投影片有相關性。若是廣告商品的簡報，或許只需要說清楚故事就夠，**但如果需要做出決議，就必須請對方根據整份簡報的內容，進行全面性的判斷。**

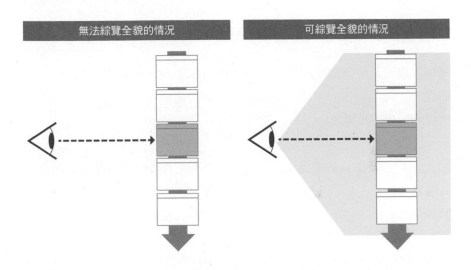

在每個章節插入目錄、加入導覽以及在投影片之間插入重複的小標，可讓資料統整的流程變得更具體簡單。上述都屬於企管顧問每天都會應用到的技巧，學會之後，肯定能成為大家製作簡報的一大利器。

整理資料的流程變得具體而簡化後，觀看者自然就能快速了解你想表達的內容。接著就為大家依序說明各項技巧。

132 在每個區間插入「目錄投影片」

■ 在區間的開頭插入目錄，呈現資料的全貌

能有效說明資料整體流程的手法，就是在各區間插入目錄。所謂「資料區間」，就如同書的章節，是由多張投影片組成，一個區間通常會由5張以上的投影片組成。

P.105曾提過要在資料開頭插入目錄投影片，之後若能在每個區間開頭插入目錄投影片，觀看者就能在閱讀時，確認自己正在閱讀的部分，並重整腦中的思緒。在區間開頭插入的目錄投影片也稱為區間標題。

在每個區間插入目錄投影片時，可以利用背景色強調該區間的標題。要注意的是，不要只呈現該區間的標題，也要列出其他區間的標題。如此一來，觀看者便能知道正在閱讀哪個區間，也才知道該區間與整體資料的定位。

下列是在「背景」、「課題」、「解決方案」各區間之前插入目錄投影片的範例。「背景」區間的目錄投影片利用背景色強調了「背景」的部分，「課題」區間的目錄投影片則強調了「課題」的部分，「解決方案」區間的目錄投影片則強調了「解決方案」的部分，從中可以發現，不只顯示了對應的區間標題，也顯示了其他區間的標題。

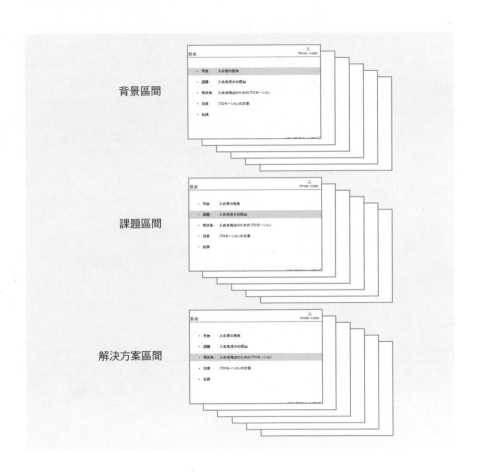

背景區間

課題區間

11

統一流程

解決方案區間

像這樣在各區間開頭插入目錄投影片之後，簡報者就能在每個區間確認資料的順序，也能講解得更加清楚。

133 利用「麵包屑導覽」 說明整體流程

■ 導覽應放在投影片的右上角

另一種能有效說明資料流程的方法就是導覽。「導覽」的用途是說明目前的投影片位於整份資料的位置。

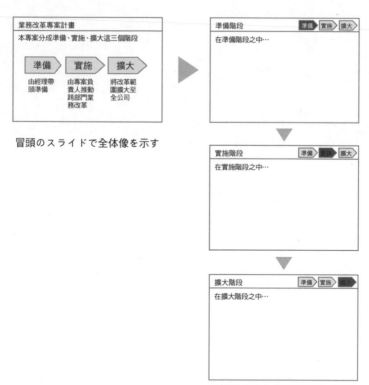

冒頭のスライドで全体像を示す

在投影片右上角配置導覽，可指出投影片的所在位置

若打算使用導覽，**必須先在開頭的投影片配置導覽的全貌**。在開頭配置導覽的全貌之後，再於後續的投影片右上角配置說明該投影片位於整份資料何處的導覽。前一頁的範例配置了「準備」、「實施」、「擴大」三個階段的導覽。

□ 利用快捷鍵製作導覽

導覽可利用快捷鍵快速製作。插入①圖案之後，輸入文字，完成導覽的原型。群組化②原型的圖案，再將圖案與文字縮放至適當的大小。縮小之後，解散群組。③替對應的圖案設定顏色，再於每張投影片貼入圖案，最後複製對應該投影片的圖案的格式。

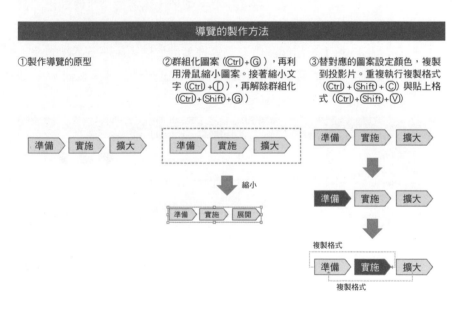

導覽的製作方法

①製作導覽的原型

②群組化圖案（Ctrl + G），再利用滑鼠縮小圖案。接著縮小文字（Ctrl + [），再解除群組化（Ctrl + Shift + G）

③替對應的圖案設定顏色，複製到投影片。重複執行複製格式（Ctrl + Shift + C）與貼上格式（Ctrl + Shift + V）

縮小

複製格式

複製格式

11

統一流程

134 於「單張投影片」說明資料概要

☐ 製作資料概要

目錄與導覽是說明簡報架構的部分，此外，若提供資料一覽表，同樣有助於觀看者了解簡報的全貌。**方法多是在單張投影片中利用矩陣型的圖解製作簡報的概要，同時加註評價。**

評價可分成「內容評價」與「進度評價」兩種，內容評價常於量化／質化投影片的綜合評價、概要使用，較具代表性的包含Harvey Ball、○△×、High　Medium Low這類評價方式。進度評價則可說明各工作的進度或是完成度，常使用的有Traffic Light Chart（紅綠燈）或天氣圖。

	使用場合	呈現方式	範例
內容評價	・於量化／質化的綜合評價、概要使用	Harvey Ball	
		三段式評價	○ △ × 高 中 低 H M L 3 2 1
進度評價	・以俯瞰的角度綜覽各項目、工作的進度以及距離目標的完成度 ・可一眼看出哪項工作的進度落後	Traffic　Light　Chart	
		天氣圖	

■ 利用矩陣型統整內容

建議大家多利用矩陣型整理各投影片的資訊，藉此呈現簡報的概要。雖然資訊在經過整理之後，會多出許多數字或文字，但只要加入先前介紹的評價方式，就能整理出一看就懂的摘要。一般而言，矩陣型的投影片會插入在簡報的概要投影片的下一張投影片，或是結論投影片之前的位置，讓觀看者在閱讀資料之前就先了解概要，或是在讀完資料回顧整份資料。下列就是以Harvey Ball評估中國、台灣與香港旅客的範例。

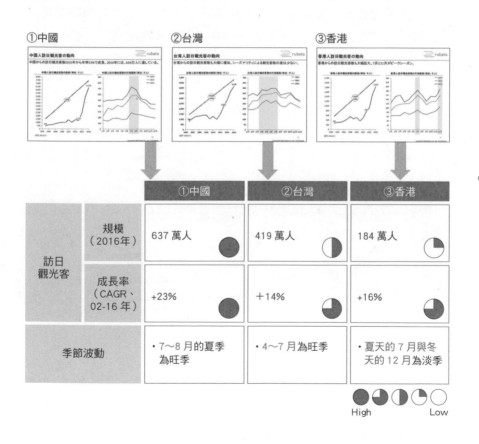

135 在每張投影片之間的「顏色與順序」要統一

■ 每張投影片之間的顏色與順序必須一致

於PowerPoint製作資料時，務必注意投影片的相關性，否則會不小心在每張投影片使用不協調的顏色，或是圖表的資料與小標的順序變得亂七八糟。為了整合投影片的一致性，請務必統一顏色與元素的順序。

① 統一顏色

要在多張投影片之間，呈現共通的企業或文件時，建議使用相同的顏色。只要顏色一致，觀看者看到顏色，就會知道這部分屬於該企業或該份文件。

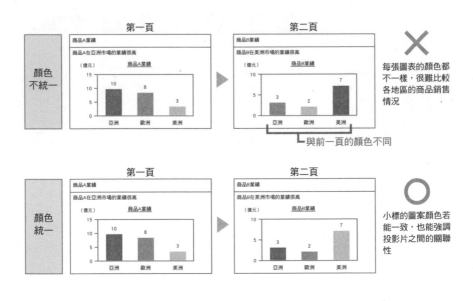

小標的圖案顏色若能一致，也能強調投影片之間的關聯性

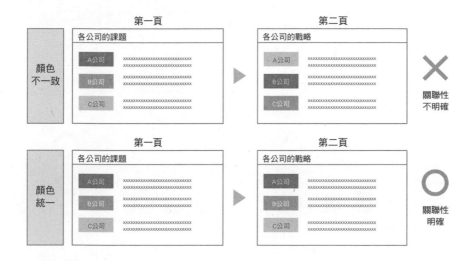

② 順序一致

記得別讓每張投影片的元素都以不同的順序排列，以說明日本市場、美洲市場與歐洲市場的資料為例，假設某張投影片的順序為日本→美洲→歐洲，下一張卻是美洲→日本→歐洲，就會使觀看者的腦海得不斷地重組資料的順序。統一元素在每張投影片的順序，**觀看者就能預測後續的資料排列**，也能減少腦力的消耗。

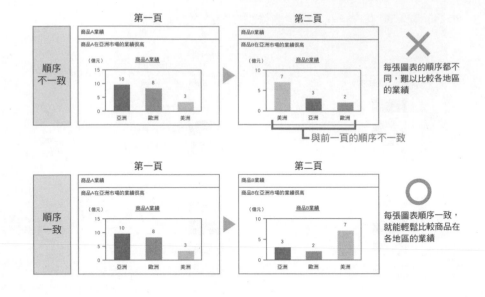

小標的順序也應該一致，才能突顯各投影片之間的關聯性：

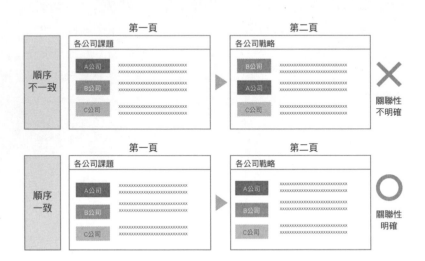

原則

136

在投影片之間插入「重複的小標」

■ 讓課題投影片與解決方案的小標互相呼應

之前曾提過，建立故事線的時候，最經典的流程就是「背景→課題→解決方案→效果」（參考P.83）。但在同時處理多項課題時，觀看者有可能會邊讀，邊忘記哪個解決方案要對應哪個課題。

此時，若能在解決方案投影片再次植入對應的課題小標，就能再次釐清課題與解決方案之間的對應關係。在簡報時，當然可以口頭說明課題與對應的解決方案，但是要製作能獨立閱讀的資料，**就必須在沒有任何說明之下，只憑投影片讓觀看者知道課題與解決方案之間的對應關係。**

在解決方案的投影片再次植入課題的小標，可強化投影片之間的關聯性

■ 健身房實例 整理流程

「我」為了強化「背景→課題→解決方案→效果」的流程，決定在投影片插入導覽。在右上角追加導覽之後，就能知道原本不知位於整體資料何處的投影片在「背景→課題→解決方案→效果」之中，是與「解決方案」對應的投影片。

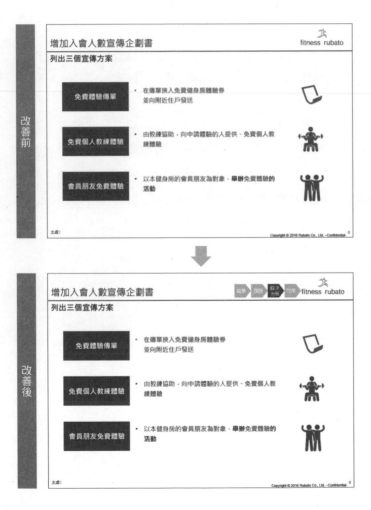

此外，為了強化解決方案投影片與解決方案評價投影片的對應，決定以相同的順序排列，解決方案投影片與第二張投影片的宣傳方案。當這兩張投影片的宣傳方案以相同的順序排列，簡報的流程也變得更順暢。

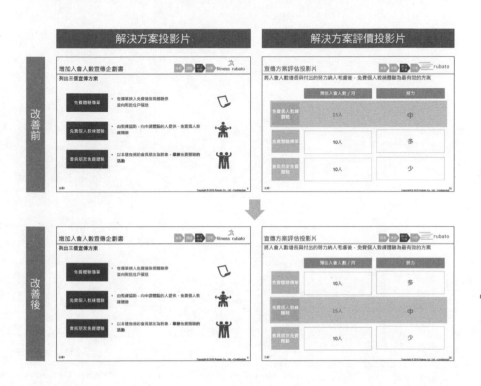

大原則

營造整體資料的「一致性」

資料製作完成後，便可將資料轉化成PowerPoint投影片。此時就算依照預訂的資料規則（參考P.189）製作，仍有可能不小心在不同的投影片套用了不同的字型、圖案格式以及詞彙或圖案。

企管顧問公司對於數字是半形還全形，空白字元是半形還全形，或者使用的詞彙是否一致，都有非常詳盡的規範，一旦有誤，這份資料就無法提交給客戶。

所以製作資料的最後一步就是**修正其中不合規則的部分，讓資料變得更加一致**。當我還是菜鳥顧問時，這種檢查資料是否有誤的作業是非常重要的工作，我還記得當時為了讓資料沒有半點錯誤，總是來回地不斷檢查。不過，只憑肉眼檢查每一張投影片，再一一修正每項錯誤是件非常耗時耗力的作業，尤其當投影片有數十張之多的時候，更是讓人越檢查越想放棄。

我建議，**這時候就該盡可能使用PowerPoint的功能來修正錯誤，而不要只憑人工檢查**。具體來說，就是一口氣統一字型、圖案的格式，或是利用取代功能將文字換成統一的說法，或是取代不符合規則的圖案。

137 利用「取代」功能統一字型

■ 字型也能「一口氣置換」

即使已事先在投影片的規則（參考P.198）規定使用的字型，當很多人一起製作一份資料，還是有可能會用到不同的字型。

當投影片的字型不一致，觀看者會潛意識地覺得不對勁，也會對簡報產生不好的印象，請務必從頭檢查一遍，讓所有投影片套用相同的字型。一步步檢查字型雖然是件非常麻煩的事，但只要使用PowerPoint內建的取代功能，就能一口氣解決麻煩。

取代字型的方法

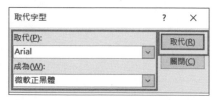

①點選「常見」分頁→「取代」→「取代字型」

②在「取代」與「成為」選取字型，再點選「取代」。

原則

138 利用「複製格式」功能統一格式

■ 利用 Ctrl + Shift + C 、 V 統一格式

圖案可設定顏色、框線粗細、文字大小、文字裝飾這類格式。如果在投影片插入了很多圖案，或者是一群人一起製作投影片，圖案或文字的格式就很有可能不一致。以下圖為例，圖解裡的文字大小、圖案顏色、圖案框線都不一致。這時候，最建議使用的功能就是複製（ Ctrl + Shift + C ）與貼上格式（ Ctrl + Shift + V ）這兩個快捷鍵。只要如下複製與貼上格式，就能瞬間讓所有投影片的圖案與文字套用相同的格式。當然也可以使用「常用」分頁裡的「刷子」命令，但快捷鍵絕對是更快的選擇。

①點選要複製格式的圖案，再按下 Ctrl + Shift + C 鍵

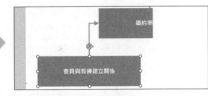

②選擇要貼上格式的圖案。

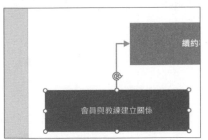

③按下 Ctrl + Shift + V 貼上格式

139　利用「取代」功能統一用字遣詞

■ 利用 Ctrl + H 鍵統一詞彙

製作資料時，偶爾會發生在投影片使用不同詞彙的問題，例如原本都寫「A事業部改革專案」，卻在中途簡寫成「A事業改革P」便是其中一例。有時候還會出現「計畫」與「計劃」出現在不同張投影片的情況。

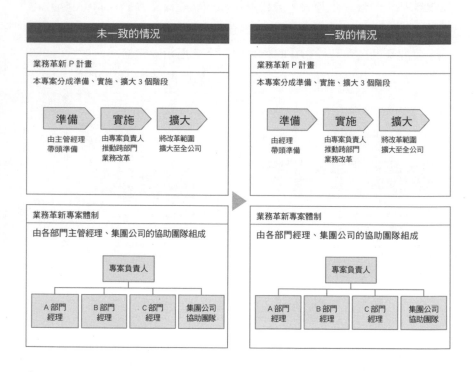

如果很難一一確認,可利用取代功能(Ctrl + H)確認較有可能不一致的單字或常用單字。例如前一例就是將「主管經理」統整為「經理」。

執行取代功能,在「尋找目標」輸入「主管經理」,再於「取代為」輸入「經理」,然後利用Alt+F鍵搜尋,若找到需要置換的字眼,按下Alt+R鍵就能執行取代。按下Alt+A鍵可全面取代,但有可能會出現取代錯誤的問題,所以還是建議利用Alt+F與R鍵一邊確認與取代。假設投影片的數字與空白字元同時出現了半形與全形兩個版本,也可使用取代功能統一。

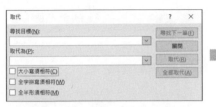

①按下Ctrl + H開啟取代視

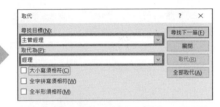

②在「尋找目標」與「取代為」這兩個欄位輸入內容

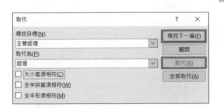

③利用Alt + F搜尋與取代文字時,按下Alt + R鍵,若不打算取代文字,可按下Alt + F,搜尋下一個符合的文字。

140 利用「變更圖案」功能統一圖案

■ 圖案可快速變更

資料之中的圖案一定要統一格式,因此一定要避免某張投影片的小標使用了圓角矩形的圖案,另一張的小標卻使用到銳角矩形的情況發生。

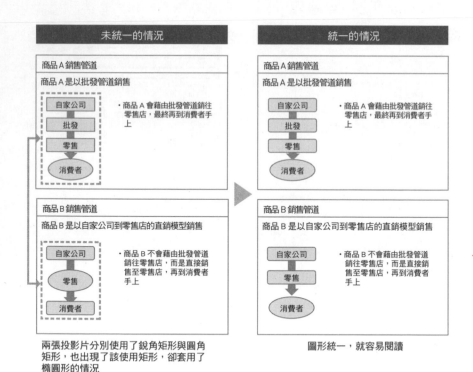

<table>
<tr><td>未統一的情況</td><td>統一的情況</td></tr>
</table>

兩張投影片分別使用了銳角矩形與圓角矩形,也出現了該使用矩形,卻套用了橢圓形的情況

圖形統一,就容易閱讀

同樣的，也要極力避免在左頁範例的情況，也就是不該在某張投影片以橢圓形呈現「消費者」，卻在另一張投影片以矩形呈現「消費者」。若不使用相同的圖案呈現相同的詞彙，觀看者只要每翻一頁，就得重新解讀一次，自然而然會越看越混亂。若使用相同的圖案呈現，觀看者就能在看到圖案的瞬間預測對應的字眼，也就能迅速而有效率地理解投影片的內容。

假設真有使用不同圖案的情況，刪除每個圖案再逐一插入新圖案絕對是項大工程，此時就該使用PowerPoint超方便的內建功能——「變更圖案」。**可惜的是，這項功能沒辦法一口氣變更多個圖案，但還是能將需要變更的圖案一個個替換成不同的圖案。**

變更圖案的方法

①選取要變更的圖案

②點選「格式」分頁→「編輯圖案」→「變更圖案」，再選取需要的圖案。

③圖案變更了。

11

統一流程

第11章　流程整理的總結

□ 列出資料的流程，營造資料的一致性，能製作出方便觀看者閱讀的資料。

□ 在每個區間插入「目錄」或是利用「導覽」說明資料的流程，可明確指出該投影片在資料之中的位置。

□ 在一張投影片列出包含評價的資料內容，觀看者可了解資料的全貌。

□ 在投影片插入「重複的小標」，就能在沒有文字說明的情況下，讓觀看者了解投影片之間的關聯性。

□ 投影片的「顏色與順序需一致」。

□ 為了讓資料一致，有幾個重點必須在最後收尾的階段確認。

□ 使用PowerPoint取代字型的功能統一字型。

□ 使用PowerPoint的取代功能統一用字遣詞。

□ 使用變更圖案功能統一小標的圖案或其他圖案。

PowerPoint簡報製作

講義與簡報的大原則

第12章 講義與簡報的大原則

於第11章了解整理資料的流程後，資料算是大功告成了。最後，只剩下講義與簡報，具體要做的事情包含確認與列印要發佈的資料、說明資料以及交付資料。

企業顧問不只在資料製作上講究，連製作完成的後續作業也不馬虎。我也曾受到資深顧問細心地教導從檔案容量大小到交付檔案的所有流程。一如「魔鬼藏在細節裡」這句話，所謂專業就是每一處細節都要求做到完美。

雖然不屬於PowerPoint的範圍，不過在我還是新人的時候，曾把Excel的檔案寄給客戶。雖然反覆檢查了很多遍，自認沒有問題才寄給客戶，但上司還是告訴我檔案有問題。

第一個問題是沒有指定列印範圍。上司告訴我「怎麼能讓客戶自己設定列印範圍，要是客戶不知道怎麼設定，資料不是白做了嗎？」第二個問題是，最後選取的儲存格沒有歸位到工作表A1的位置。上司告訴我「最後選取的儲存格若沒有歸位，一來每張工作表看起來很凌亂，也會造成顧客的困擾」。

我記得某次用釘書機釘PowerPoint的資料時，被要求重新釘在距離邊緣1公釐的位置。若問我為什麼資料完成後，還有那麼多細節，那就是好不容易做出那麼棒的資料，卻因為資料的列印、說明或交付的地方出問題，造成顧客對這份資料留下不良印象，不是很可惜嗎？讓我們一起學會企業顧問確認、列印、說明及交付資料的祕訣，讓對方覺得我們辦事辦俐落乾淨吧！

12
講義・簡報

大原則

外資顧問也很重視
「講義」的製作步驟

對於提供服務而非商品的顧問來說，在會議發佈的資料是唯一而重要的商品，若出現錯漏字，問題不可謂之不大。為了避免這類失誤，我們這些企業顧問最終一定要確認是否有錯漏字。

最終確認會在**列印資料之前的30分～1小時進行，而且不能只有獨自一人，最好很多人一起確認**。雖然一般企業不用如此講究，但是確認好每一個重點，的確可讓發生失誤的機率降至最低。

資料檢查完畢後，接著是列印。列印也有一些小祕訣。我常常看到資料很棒，卻因為列印方法不對而損及資料價值的情況，所以請大家務必把正確的列印方式學起來。

接著，為大家依序說明利用檢查表確認資料的方法，以及讓觀看者更容易閱讀投影片的列印方法。

141 透過「檢查表」檢查預列印資料

■ 利用檢查表執行確認作業

資料完成後，務必進行最終檢查作業，因為不管製作過程多麼小心，就是有可能會出現錯漏字，所以請務必在資料製作行程表排一段最後檢查的時間。

此外，建議除了自己檢查，也可以請同部門的同事、專案成員一起檢查，因為製作者很可能無法客觀地看待自己製作的資料，也可能漏看了失誤的部分，同事與其他成員則比較能客觀地看待資料。

此時的檢查務必先印出資料。覺得預印資料很麻煩，而只在電腦上校稿，通常都會有疏漏。先列印資料再檢查，通常很有機會找出錯誤。

檢查資料時，不要只是閱讀，而是要製作一張檢查表，好好確認是否有疏漏的部分。待會介紹的是我自己平常在用的檢查表，各位觀看者可依需求，自訂需要的項目。

資料檢查表10

- ☐ ①標題投影片的顧客名稱是否有誤

- ☐ ②報價金額是否有誤

- ☐ ③標題投影片的日期是否有誤

- ☐ ④投影片標題、投影片導言是否有缺

- ☐ ⑤圖表或表格的單位是否正確

- ☐ ⑥圖表的圖例是否正確

- ☐ ⑦文字的字型是否一致

- ☐ ⑧出處有沒有漏掉，是否正確

- ☐ ⑨投影片編號是否有漏

- ☐ ⑩公司內部的註解是否還留著

製作一張簡單明確的列表，檢查就會變得很簡單，比較不會發生疏漏。檢查表的重點有兩個，一個是顧客的名稱。如果因為使用拷貝而留下其他顧客的姓名，新顧客對你的信賴可能會此大打折扣，所以第一步務必檢查標題投影片的顧客姓名是否正確。

第二個重點則是報價金額是否正確。記得我還是新人時，曾收到廣告代理商的客戶寄來報價金額少一位數的提案。資深顧問故意問「這個金額就可以了嗎？」當時對方業務嚇得冷汗直流。為了避免發生問題，請務必使用檢查表，確認資料無誤。

12

講義・簡報

講義要以「2張投影片／1頁」的格式列印

■ 不要使用「列印講義」功能

假設將講義印成一張紙只有一張投影片的格式，文字往往會太大，變得不容易閱讀。如果對象是管理高層，多採用張數少一點的資料進行簡報，多為一張紙只印一張投影片的情況。但由於一般會議資料較適合將多張投影片印在同一張紙，所以建議大家選擇將2張投影片印在同一頁。

切記不要在**PowerPoint**的列印畫面選擇「**講義**」列印，以免投影片被縮小列印，變得很難閱讀。為了讓投影片能放大列印，建議使用版面列印功能。

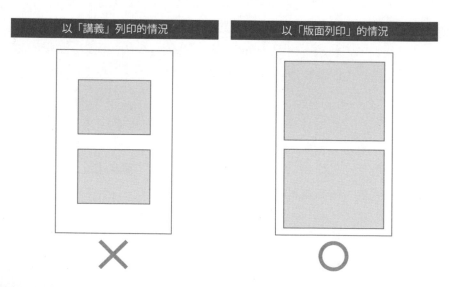

要使用版面列印功能,必須先將資料儲存為PDF格式。

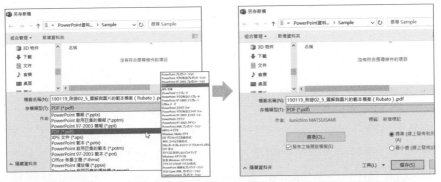

①點選「另存新檔」,再於「存檔類型」選擇「PDF」。

②確認「存檔類型」已設定為PDF。

接著利用PDF的列印設定進行版面列印。PDF檔案的版面列印步驟設定如下:

①點選「多頁」

②在「每張紙列印的頁數」點選「自訂」、「1×2」

若想雙面列印,可勾選③「雙面」、④「長邊裝訂」:

譯註:③與④的選項,必須印表機支援雙面列印,才會出現此選項。

12

講義・簡報

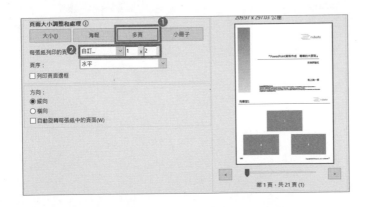

143 講義以「灰階」列印

■ 不要只以「純粹黑白」列印

如果想以黑白列印，不妨改用「灰階」來列印。PowerPoint內建了「純粹黑白」的列印功能，但利用這種功能列印的講義，會失去顏色的濃淡，也會列印出圖案多餘的框線，看起來並不美觀。

若是利用「灰階」取代「純粹黑白」再列印，就能以不同深淺的灰色呈現顏色的濃淡，列印成接近彩色的成品。

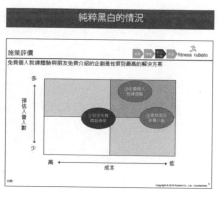

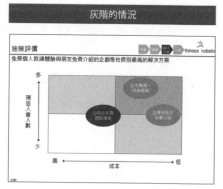

灰階列印的方法很簡單，先從「檔案」分頁點選「列印」，再將「彩色」改成「灰階」，然後點選「列印」即可。

①點選「檔案」分頁。

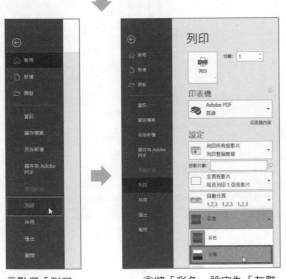

②點選「列印　　　③將「彩色」設定為「灰階」。

外資企業顧問的
「資料說明、簡報」技巧

列印講義之後，將講義發給與會人員，就進入說明的階段。此時的關鍵重點，就是根據資料「**在時限之內表達**」**自己的主張**。但只要是以本書說明的方式製作資料，就能調整說明投影片內容的深度，進一步控制說明的時間。

在會議說明資料時，清楚表達目前「正在說明哪張投影片」是非常重要的環節，這可讓觀看者更了解整份資料，也能避免觀看者自行閱讀後面的頁面。

此外，若遇到觀看者在重看資料時，在說明資料時，**千萬別多嘴加入資料沒列到的資訊**，不過若是做為引起觀看者興趣的玩笑、提問或是詳盡的說明就沒問題。

熟記PowerPoint的操作可讓簡報進行得更順利，所以本節也會說明一些操作。

接著，就讓我們看看說明資料時的幾項重點。

144 替內容訂立優先順位

■ 依照投影片標題→投影片導言的順序說明

為了有效率運用有限的時間,必須替資料訂出說明順序。優先順位最高的莫過於投影片標題與投影片導言。請務必先介紹各投影片的標題,接著是導言。待觀看者了解你的主張之後,再依照分配的時間決定說明內容的程度。有些簡報會在最後才做總結,此時就該在最後重提投影片導言。請思考何種說明順序最能讓觀看者了解內容,靈活地調整說明順序吧!

有些人可能不擅長在時限之內說完所有的內容。之前曾在條列式章節中提過小標的重要性(參考P.280),我們可透過調整小標來掌握各投影片要說明到何種程度,以便做好時間控制的配比。

事先利用小標分類文字內容，可幫助我們一字一句地說明重要的投影片，**也能讓我們只以小標或是需要強調的部分快速介紹不那麼重要的投影片**，如此一來，不管時間是否充裕，都能適時調整解說的時間。

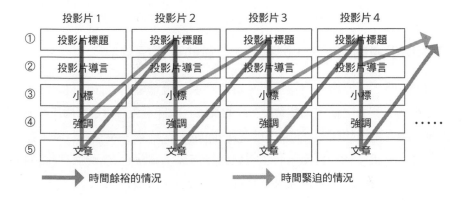

以下面的投影片1為例，若打算在短時間內說明內容，可在強調部分④後結束，主要突顯東京奧運在設施上的問題。反觀投影片2只呈現了解決方向，所以說明可在小標③結束。

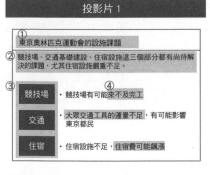

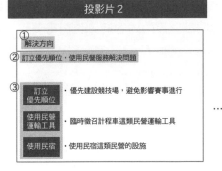

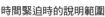
時間緊迫時的說明範圍

145 提及「頁碼」，吸引聽眾注意力

■ 說明手邊的資料時，要提及「目前的頁面編號」

說明資料時，通常會先發送資料，所以聽眾手邊都會有書面資料。此時若能在說明資料之前，**先提到投影片的頁碼，就能避免聽眾自行閱讀其他頁面**。此外，比起聽眾手邊沒有資料的簡報，當聽眾手邊有資料時，往往會自行閱讀後續的頁面。為了邀免此種情況，請務必在說明每一頁的時候，先提及頁碼。例如可透過下列的流程說明：

「**請大家先翻至第2頁，這部分是內容的概要。**」
「**接著請翻至第3頁。這張投影片的內容是過去5年的業績趨勢。**」
「**接著請翻至第4頁。這部分是競爭對手在過去5年的業績趨勢。**」

讓人覺得有點不可思議的是，提及頁碼真的能讓聽眾翻到該頁面。而在說明投影片的內容時，也記得要以「上面數來第二個」、「右邊數來第二個」這種方式指引聽眾注意目前正在說明的部分，聽眾也比較容易專心聽你的口頭說明。

▼ 健身房實例 資料說明

下列是說明健身房資料的順序。「我」打算先提及①頁碼，接著說明②投影片標題與投影片導言，最後是③提及想強調的部分。具體的說明內容與順序如下：

① 「請翻至第9頁」
② 「這部分是各解決方案可能創造的入會人數預估數據。免費個人教練體驗在申請體驗與申請入會的部分，都比只發送免費體驗傳單更有效果。」
③ 請先將視線移到上面數來第二個的免費個人教練體驗，以及左側數來第二個的申請體驗人數。從中可發現，免費個人教練體的預估申請體人數達到40名，遠比其他宣傳方案來得更有效果。」

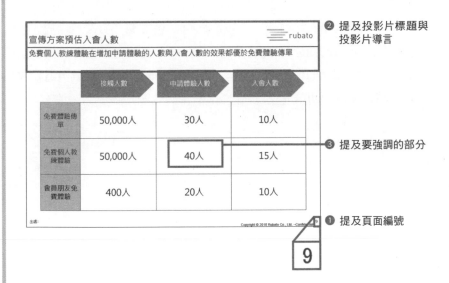

❷ 提及投影片標題與投影片導言

❸ 提及要強調的部分

❶ 提及頁面編號

146　讓投影片放映瞬間「開始」

◻ 利用 Shift + F5 鍵播放投影片

到目前為止，都是以面對會議或少人數的情況說明資料為前提，但對我而言，在一大群人面前簡報時，**更重要的是俐落而有力的肢體語言**。接下來要介紹的是如何讓簡報中的我們顯得更加俐落的PowerPoint 操作法。

許多人以為播放投影片就是按PowerPoint右下角的「投影片放映」按鈕，但其實以快捷鍵代替這個操作，就能更俐落地播放投影片。

播放投影片的快捷鍵為F5鍵，但按下F5鍵，會從第一頁開始播放。明明已經打開要播放的投影片，卻不小心又從第一張的標題投影片播放，搞到解說人手忙腳亂的情況，我已經不只看過一兩次。為了避免這類事情發生，請養成以 Shift + F5 從現在開啟的投影片開始播放的習慣。

147 利用「白畫面」吸引注意力

☐ 利用 Ⓑ 或 Ⓦ 吸引注意力

簡報時，有時會需要讓聽眾的注意力集中到自己身上，此時不妨按下 Ⓑ 鍵讓投影片的畫面消失，變成一片全黑的畫面（快捷鍵就是Black Out的 Ⓑ）。這樣聽眾的注意力就會從投影片畫面回到簡報者身上。只要再按一次 Ⓑ 鍵，就能回到原本的畫面。

假設會場很暗，切換到黑畫面會讓整個會場變得黑漆漆，此時請按下 Ⓦ 鍵，切換成白畫面（快捷鍵就是White Out的 Ⓦ）。當然，再按一次 Ⓦ 鍵就能回到原本的畫面。

這兩個快捷鍵非常實用，也能**營造「幹練俐落」的印象**。回答聽眾問題時，建議大家試用看看。

12
講義・簡報

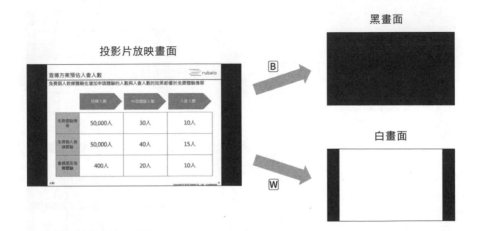

投影片放映畫面　　　　黑畫面　　　白畫面

原則 148 瞬間切換到要顯示的投影片

■ 利用頁碼+Enter鍵跳躍

簡報時，偶爾會需要回到播放過的投影片，我常看到有些人會切換成標準顯示模式，找到需要的投影片之後，再播放投影片，但這看起來實在不夠俐落。

此時請利用頁碼+Enter鍵的快捷鍵，跳到需要的頁面。但手邊一定要備子一份書面資料，才能協助確認頁碼。

PowerPoint 2016之後的版本，按下G鍵就能顯示投影片的一覽表，從中找出需要的投影片（快捷鍵就是Go！的G）。請大家有機會也使用看看。

選擇的頁面

頁碼+Enter

投影片放映的畫面

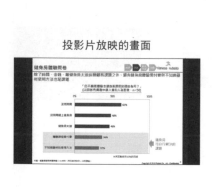

G

頁面選取畫面

原則

149

「隱藏」桌面的圖示

🔲 暫時隱藏圖示

簡報時，總會被看到電腦桌面，此時若桌面若放了一堆圖示，不管簡報多麼精彩，聽眾還是會留下「這個人說不定連檔案都整理不好」的印象，如果平常就有整理電腦桌面倒還無妨，但大部分的人是不會整理的。

此時有一招可先讓電腦桌面的圖示隱藏，如此一來，桌面可變得整齊清爽，就不怕聽眾的觀感不佳了。

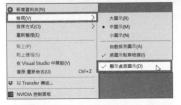

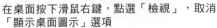

在桌面按下滑鼠右鍵，點選「檢視」，取消「顯示桌面圖示」選項

150 利用「超連結」跳躍至其他檔案

■ 利用超連結快速跳躍至其他檔案

簡報時，偶爾會需要顯示圖片、Excel、Word這類非PowerPoint的檔案，我常見到有些人會先關閉PowerPoint，再開啟其他應用程式的檔案，只是這麼一來，簡報就會被迫中斷，整個流程也變得很不流暢。

此時，可使用PowerPoint的超連結功能快速開啟其他檔案。只要在圖片或Excel植入貼有連結的圖案，以滑鼠點選就能跳躍至其他檔案。

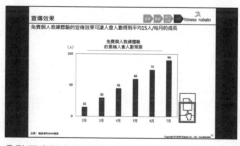

①點選畫面上的按鈕。

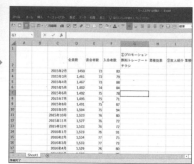

②Excel檔案開啟了。

在PowerPoint設定超連結的方法如下。

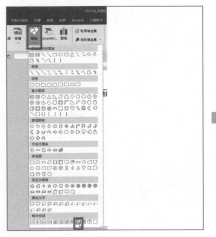

①點選「插入」分頁→「圖案」→「動作按鈕」。

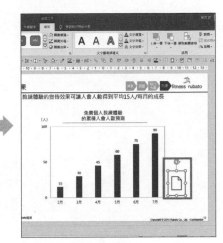

②在投影片配置按鈕。

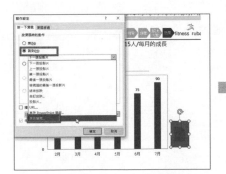

③此時會自動開啟「動作設定」對話框，請點選「跳到」，再點選「其他檔案」。

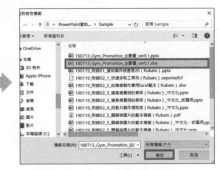

④選擇檔案，按下「確定」。

12

講義・簡報

交付資料檔案的絕招

簡報或說明結束之後，常遇到對方要求交付檔案的情況。其實要將檔案交給對方，還有很多例如安全性、檔案容量及檔案管理等細節，需要注意。

例如，利用同事製作的PowerPoint製作自己的檔案時，檔案作者的姓名很可能是同事的名字，我也曾有未更改姓名就將檔案交給客戶的經驗，那時可是被上司狠狠修理了一頓。

如果只是沒改同事的名字還好，最怕的是使用來自其他顧客的檔案製作檔案，只要沒有改掉顧客的名字，就有可能違反保密義務。這個問題可能只會出現在重視保密義務的企管顧問界，但專業的世界就是要像這樣重視每一項資訊。

此外，為了避免檔案容量太大，先壓縮再寄送是基本的貼心舉動。接著為大家介紹幾項交付檔案之際的重點。

151 圖片可在「壓縮」之後，縮小檔案容量

■ 使用「壓縮圖片」功能

如果資料裡包含了多張圖片，檔案容量就會變得很大，當要利用電子郵件寄送檔案時，務必先壓縮圖片。透過裁剪刪除多餘的部分或是調降畫質，都能讓檔案容量大幅縮小。壓縮圖片的方法如下。

①點選「檔案」分頁。

②點選「另存新檔」。

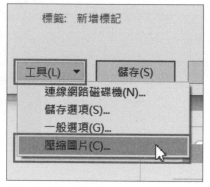

③在「工具」點選「壓縮圖片」。

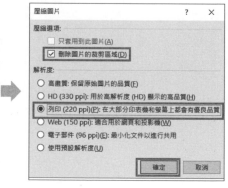

④勾選「刪除圖片的裁剪區域」與「列印」選項再按下「確定」。檔案容量就會銳減。

原則

152 重要的文件要加上「密碼」

■ 利用「密碼」保全檔案

寄送重要文件時,請務必在文件加上密碼。外資顧問公司會在所有的檔案加上密碼,盡可能保全檔案。檔案的密碼務必以另一封電子郵件再寄給對方。

①點選「檔案」分頁。

②點選「資訊」→「保護簡報」→「以密碼加密」。

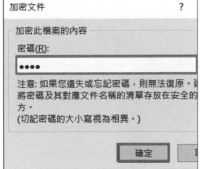

③輸入密碼,再點選「確定」。

確認檔案的作者

■ 一定要檢查「作者」這項設定

檔案一定會有「作者」這個設定。在儲存檔案的畫面裡有「作者」這個欄位，可在此輸入製作者的姓名。要注意的是，如果是沿用別人製作的檔案，就一定會留有原作者的姓名，此時可透過「另存新檔」功能儲存檔案，再於「作者」欄位輸入自己的姓名，然後再將檔案寄給顧客。

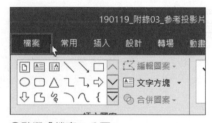

①點選「檔案」分頁。

②點選「另存新檔」。

③輸入「作者」。

— 原則 —

154　在電子郵件附註 「附加檔案的說明」

☐ 利用 F2 鍵附加檔案名稱

我偶爾會看到以電子郵件寄送多個檔案，卻只在信裡寫了一句「請確認附加檔案」的情況，這可會讓對方不知道這些檔案到底有什麼用途。所以請務必在信裡以條列格式附上檔案名稱與檔案說明。一個個輸入檔案名稱的確很麻煩，所以可如下利用 F2 鍵選取檔案名稱，再原封不動地複製&貼上到信裡。

```
📊 180713_Gym_Promotion_企劃書_ver0.1.pptx
📊 180713_Gym_Promotion_企劃書_ver0.1.xlsx
📊 190119_附錄01_資料製作檢查表20（Rubato）.pptx
📄 190119_附錄02_1_快速存取工具列（Rubato）.exportedUI
```

①選取檔案。

```
📊 180713_Gym_Promotion_企劃書_ver0.1.pptx
📊 180713_Gym_Promotion_企劃書_ver0.1.xlsx
📊 190119_附錄01_資料製作檢查表20（Rubato）.pptx
📄 190119_附錄02_1_快速存取工具列（Rubato）.exportedUI
```

②按下 F2 鍵選取檔案名稱，再按下 Ctrl + C 鍵複製。

```
180713_Gym_Promotion_企劃書_ver0.1.pptx
190119_附錄01_資料製作檢查表20（Rubato）.pptx
190119_附錄02_1_快速存取工具列（Rubato）
180713_Gym_Promotion_企劃書_ver0.1.xlsx
```

③按下 Ctrl + V 鍵貼上檔案名稱。

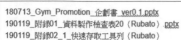

```
180713_Gym_Promotion_企劃書_ver0.1.pptx
宣傳企畫書PowerPoint版

190119_附錄01_資料製作檢查表20（Rubato）.pptx
資料製作檢查表

190119_附錄02_1_快速存取工具列（Rubato）
快速存取工具列安裝檔案

180713_Gym_Promotion_企劃書_ver0.1.xlsx
宣傳企畫書Excel版
```

④加上檔案說明。

第12章　講義與簡報總結

□ 講義一定要根據檢查表確認圖表、表格的單位是否有誤，而且一定
要一群人一起確認列印的講義。

□ 列印資料時，可先將資料轉換成PDF檔案，再以「2投影片／頁」
的版面列印格式列印，文字才比較容易閱讀。此外，要以「灰階」
代替黑白列印。

□ 簡報時，要透過「投影片導言」與「小標」說明自己的主張與根據。
重要的投影片要連「文字內容」都說明，才能在時限之內清楚地說
明內容。

□ 簡報時，記得提及「目前的頁碼」，讓對方知道自己正在說明哪個
部分。

□ 簡報時，肢體動作務必俐落。利用「頁碼+Enter鍵」或「超連結」
這類PowerPoint功能可瞬間切換畫面，也不會讓聽眾看到藏在簡報
後面的內容。

□ 將檔案寄給公司外部的人之前，記得先壓縮檔案，重要的文件則要
加上密碼。「作者」屬性也記得修改。

□ 撰寫電子郵件時，記得加上檔案名稱與檔案說明。

附錄

01　資料製作檢查表

到目前為止，已把製作商務文件的流程介紹了一遍，大家有些心得了嗎？由於本書鉅細靡遺地介紹了有關資料製作的細節與技巧，所以或許會有觀看者有「那到底該怎麼做才對？」、「希望能幫忙整理重點」的需求，所以在此為大家整理在製作資料務必注意的20個重點。

雖說多達20個，但其實不需要一一確認，例如要確認資料製作的重點，就只需要參考①目的與②故事線的重點。如果準備製作投影片，可確認③投影片版面、④投影片類型、⑤投影片格式的重點。尤其是④投影片類型，更是可依照想使用的類型參考條列式、圖解或圖表的重點。如果光看檢查表也不知道重點的意思，則建議翻回前面對應的章節，重新閱讀相關的重點。

這張檢查表可在製作文件的時候使用，當然也可在資料完成後，最終確認的時候使用。找出可改善的部分，能大幅提升資料的品質，而且當部屬或同事均使用這張檢查表，就能有效率地回饋意見，請大家務必使用看看。

項目		編號	檢查事項	章	✓
①目的		1	釐清「誰製作」、「給誰」、「怎麼說明」	3	
②故事線		2	「對方覺得重要的重點」是否毫無遺漏	4	
		3	是否依照背景→課題→解決方案→效果的順序介紹	4	
		4	概要、目錄與結論是否俱在	4	
③投影片版面		5	投影片資訊是否說明了投影片導言	5	
		6	有無投影片標題與投影片導言	7	
		7	閱讀順序是否為從左至右、從上至下	7	
④投影片類型	條列式	8	文章是否套用了項目符號格式	8	
	圖解	9	是否使用了基本圖解	9	
		10	是否使用了進階圖解	9	
		11	表格的首列、首欄是否套用了背景色，文字是否置中對齊	9	
		12	是否使用了圖示	9	
	圖表	13	是否使用了適當的圖表	10	
		14	資料的排列順序是否恰當	10	
		15	圖表是否以箭頭或文字強調內容	10	
⑤投影片格式	強調	16	重要的文字是否以粗體字或顏色強調	9	
		17	投影片的重點是否套用了強調效果	9	
	比較	18	是否以分數、○、×這類評價方式進行比較，讓人一眼看出比較結果	9	
	顏色	19	用色是否低於三種	7	
	對齊	20	圖案的位置是否垂直、水平對齊	7	

附錄

■ 檢查表20的應用範例

在此以圖解與圖表為例，介紹檢查表的使用方法。

●圖解 其1

改善前，投影片的圖案大小未一致，看不出兩個方案的優劣，改善後，圖案的大小一致，也能一眼看出優劣。

改善前

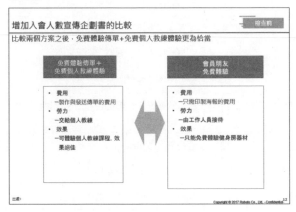

改善後

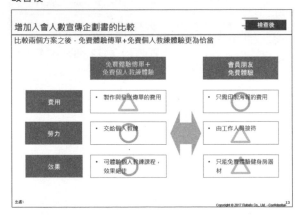

⑩是否使用了應用圖解

⑱是否以分數、○、×這類評價方式進行比較

⑳圖案的位置是否垂直、水平對齊

掌握這四個重點，圖解的訊息就會變得更容易閱讀。

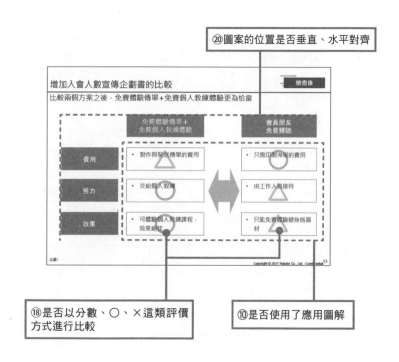

◉圖解 其2

改善前的投影片只有文字，沒有投影片導言與圖示，所以不知道這張投影片的用意，改善後，內容變得更明顯，也加入了投影片導言。

改善前

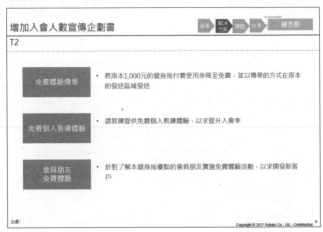

改善後

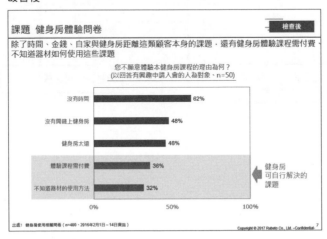

這個範例修正了下列4個重點：

③是否依照背景→課題→解決方案→效果的順序介紹

⑥有無投影片標題與投影片導言

⑫是否使用了圖示

⑯重要的文字是否已套用強調效果

掌握這4個重點，圖解的訊息就會更容易閱讀。

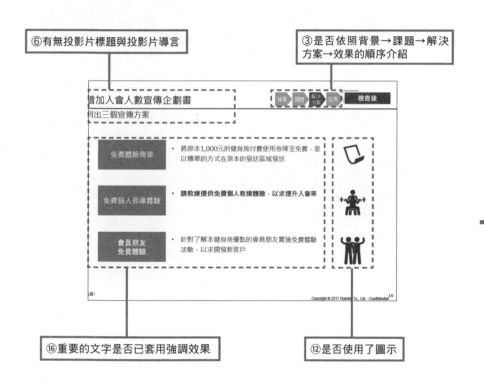

附錄

◯圖表

想必大家知道圖表會在改善前後變得非常簡單易懂。接著就是使用檢查表20的圖表檢查重點改善圖表。

改善前

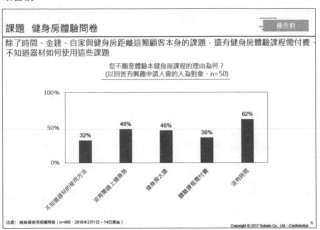

改善後

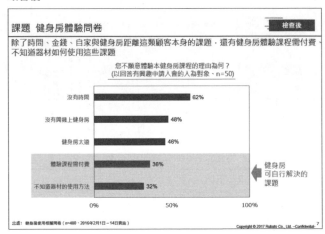

這個範例修正了下列3個重點：

⑬是否使用了適當的圖表
⑮圖表是否以箭頭或文字強調內容
⑰投影片的重點是否套用了強調效果

大家應該已經知道，光是掌握這三個重點，圖表的訊息就更容易理解。

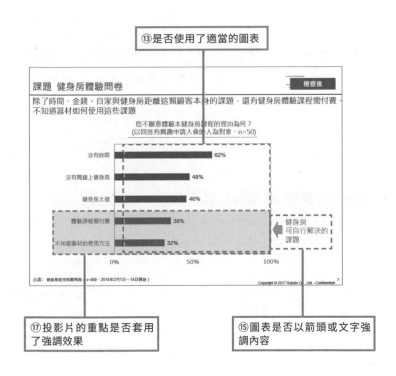

⑬是否使用了適當的圖表

⑰投影片的重點是否套用了強調效果

⑮圖表是否以箭頭或文字強調內容

範本檔案的使用方法

於內文介紹範本檔案可從下列的URL下載。在此為大家說明每個檔案的內容。

https://www.rubato.co/download2

① 快速存取工具列

這是於第2章「作業環境」P.47介紹的快速存取工具列安裝檔案。

② 故事線製作專用Excel範本檔案

故事線製作專用Excel範本檔案分成故事線1與2，1的部分可於第3章「目的設定」決定「要傳遞的內容」時使用。

利用「故事線工作表1」決定「要傳遞的內容」之後，可利用故事線工作表2決定投影片的架構。請在製作第4章「製作故事線的大原則」、第5章「蒐集資訊的大原則」的內容時使用。

在第4章，根據「要傳遞的內容」決定「投影片標題」、「投影片導言」與「投影片類型」之後，可在第5章決定「投影片資訊的假說」，接著根據假說蒐集資料，再將取得的資訊輸入「取得資訊」與「出處」的欄位。

最後將完成的投影片架構先轉貼至Word，再製作成PowerPoint的投影片，投影片的骨架就完成了（有關從Word製成PowerPoint投影片的步驟，請參考P.176）。

	第4章			第5章		
	投影片標題	投影片導言	投影片類型	投影片資訊的假說	取得資訊	出處
標題						
概要						
目次						
背景	入會人數的趨勢	與前年同月比較，入會人數已減少5%	圖解	自家公司：設備老舊	一店內裝潢自沿用前店家的設計以來，已超過15年 一空調也是從前店家接手的設備，已使用超過20年 一有氧健身車也使用超過7年	公司內部資訊
				競爭對手：健身房增加	一商圈多出兩家24小時營業的健身房 一加壓健身房新增三間	自家公司調查（2016年10月）
				市場：在地人口減少	一移入者以年減0.5%的速度減少 一少子化現象較其他地區嚴重	世田谷區官網（www.xxxxxxxx xxxx xx）
課題	增加入會人數的宣傳方案	與前年同月比較，申請體驗的入會人數已減少5%	圖表			
解決方案	增加入會人數的宣傳方案	實施個人教練的免費體驗課程是性價比最佳的方案	圖解			
效果	宣傳效果	可讓入會人數得到平均15人／每月的成長	圖表			
結論						

附錄

505

③ 健身房實例的骨架

以下是於第6章「建立骨架」的P.186介紹的健身房實例骨架。

④ 投影片製作規則表

以下是於第7章「建立規則」的P.238介紹的投影片製作規則表。

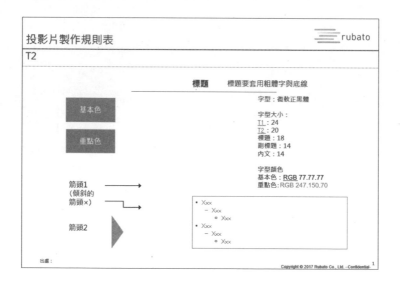

⑤ 圖解與圖表的範本檔案

以下是於第9章「圖解」、第10章「圖表」介紹的圖解與圖表的範本
檔案。

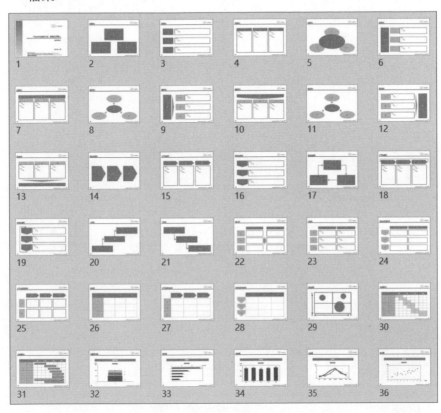

⑥ 參考投影片範本（健身房 Rubato）

以下是本書用於解說的「健身房 Rubato」的完成檔。

為大家介紹本書用於解說實例的投影片完成檔。同樣可從下列的URL下載。

日文版

https://www.rubato.co/download2

中文版

https://www.delightpress.com.tw/bookSamples/SKTA00136_bs.rar

fitness rubato

增加入會人數
宣傳企劃書

2017年2月15日
業務部　許郁文

091-aa1　Copyright © 2016 by Rubato.
COMPANY CONFIDENTIAL

fitness rubato

- 健身房 Rubato的入會人數在過去三個月內，較前年同月比減少5%

- 究其原因，是申請體驗的入會人數較前年同月比減少5%

- 為了增加申請體驗入會的人數，從勞力與結果來看，個人教練的免費體驗課程最為有效

- 可期待入會人數得到平均15人／每月的成長宣傳效果

2

目錄

fitness rubato

- 背景：入會人數的趨勢

- 課題：入會人數減少的原因

- 解決方案：增加入會人數的宣傳方案

- 效果：宣傳效果

- 結論

附錄

3

與前年同月比較，入會人數已減少5%

前年同月入會人數＝1)　　前年同月比入會人數趨勢
（2016年）

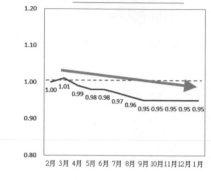

1.20

1.10

1.00

0.90

0.80

1.00　1.01　0.99　0.98　0.98　0.97　0.96　0.95　0.95　0.95　0.95　0.95

2月 3月 4月 5月 6月 7月 8月 9月 10月11月12月 1月

自家公司 設備老舊	• 店內裝潢自沿用前店家的設計以來，已超過15年 • 空調也使用超過20年 • 有氧健身車也使用超過7年
競爭對手 健身房增加	• 商圈多出兩家24小時營業的健身房 • 加壓健身房新增三間
市場 地區人口減少	• 移入者以年減0.5%的速度減少 • 少子化現象較其他地區嚴重

出處：

目錄

fitness rubato

鎖定課題

確認知道本健身房到入會的流程之後，可鎖定申請體驗入會的人數減少減少5%這項課題

知名度　　　　　　　　體驗入會　　　　　　　　正式入會

自前一年以來的變化
- 傳遞的發送數量沒有任何改變
- 根據問卷可知，知名度未有任何變化

- 申請體驗的人數較去年減少5%
- 從每個月的數據來看，正處於失速減少中

- 申請體驗的人數的減少比例幾乎與正式入會的人數的減少比例一致

潛藏危機
- 關於健身房的知名度沒發現任何課題

- 盡管知名度沒下滑申請體驗的人減少仍是課題

- 從申請體驗到正式入會的比例之中未發現任何課題

出處：健身房使用相關問卷（n=400、2016年2月1日～14日實施）

6

健身房體驗問卷

除了時間、金錢、離健身房太遠這類顧客課題之外、還有健身房體驗需付費與不知道器材使用方法也是課題

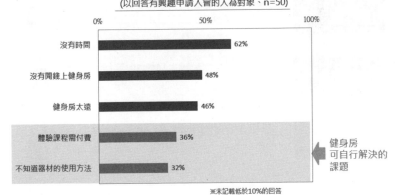

「您不願意體驗本健身房課程的理由為何？」
(以回答有興趣申請入會的人為對象、n=50)

- 沒有時間　62%
- 沒有閒錢上健身房　48%
- 健身房太遠　46%
- 體驗課程需付費　36%
- 不知道器材的使用方法　32%

健身房可自行解決的課題

※未記載低於10%的回答

出處：健身房使用相關問卷（n=400、2016年2月1日～14日實施）

7

附錄

目錄

- 背景：入會人數的趨勢
- 課題：入會人數減少的原因
- 解決方案：增加入會人數的宣傳方案
- 效果：宣傳效果
- 結論

增加入會人數宣傳企劃書

 fitness rubato

列出三個宣傳方案

免費體驗傳單
- 在傳單挾入免費健身房體驗券
  並向附近住戶發送

免費個人教練體驗
- 由教練協助，向申請體驗的人提供免費個人教練體驗

會員朋友免費體驗
- 以本健身房的會員朋友為對象，舉辦免費體驗的活動

出處：

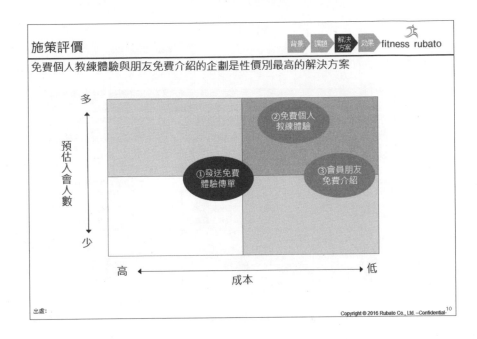

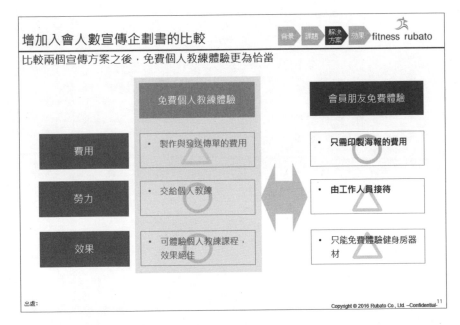

能以免費體驗、免費個人教練無料向顧客宣傳之餘，不會產生多餘的成本

免費個人教練體驗 宣傳手法

免費體驗	免費個人教練	無追加成本
• 單日體驗入會的費用從1,000元降至免費讓顧客更輕鬆體驗課程	本公司可在無經濟壓力下，提供顧客更優質的服務	• 是在原本的區域發送傳單，追所以不會產生額外的成本，也容易檢驗效果
– 1,000元的收費不會對業績造成影響	– 不了解健身房器材使用方法是妨礙顧客申請入會的原因	– 雖然需要變更舊傳單的內容，但僅止於簡單的修改
– 若免費便想體驗看看的顧客層已確認存在	– 教練可因此開發新客戶，所以可免費請教練提供課程	– 比起在新區域發送傳單，在舊區域發送傳單更能檢驗效果
	– 已有多名教練表示願意協助	
	– 也可減輕本公司員工的負擔	

目錄

 fitness rubato

免費個人教練體驗的宣傳效果可讓入會人數得到平均15人/每月的成長

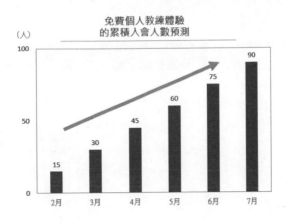

免費個人教練體驗
的累積入會人數預測

(人)

出處：健身房Rubato預測

14

宣傳效果

會員與教練建立關係，續約率會提升，口碑宣傳跟著強化，入會人數跟著增加的情況改善

入會人數增加

- 在個人教練的指導下，體驗滿意度會上升，入會人數會增加

入會後的退會率
會下降

- 在個人教練的細心指導下，退會率自然下降

增加口碑傳播

- 在個人教練的指導下，顧客滿意度上升，對潛在顧客的口碑傳播效果也值得期待

出處：

15

附錄

於特定區域實驗性實施，並在檢驗效果後正式實施

```
1. 實驗性實施          2. 檢驗效果          3. 正式實施
```

1. 實驗性實施	2. 檢驗效果	3. 正式實施
• 在舊區域的10%住戶發送免費個人教練體驗傳單 • 對剩下的90%住戶發送1,000元體驗入會傳單	• 針對舊傳單與新傳單比較體驗入會人數的增減 • 進一步比較體驗入會後的入會率 • 預估全面發送新傳單的效果	• 掌握充足的教練人數 • 分三段對特定區域發送傳單 • 若中途發生教練人數不足的情況或其他問題，可調整實施的面積

出處：

從4月至五月實驗性實施，預測效果，再從6月開始正式執行宣傳方案

		4月	5月	6月	7月
❶ 實驗性實施	準備	製作傳單 確保教練人數			
	實施		發送傳單		
❷ 檢驗效果	分析		實施免費體驗 分析		
	預估效果			預估效果	
❸ 正式實施	準備			製作傳單 確保教練人數	
	實施			區域1	區域2

出處：

結論

fitness rubato

- 健身房Rubato的入會人數減少，主因在於申請體驗入會人數較前年同月比減少 5%
- 相較於其他方案，免費個人教練體驗活動在勞力與效果這兩點最能增加申請體驗人數
- 可期待入會人數以平均15人／月增加的宣傳效果
- 由於是沒有前例的宣傳，將於限定地區實驗性實施
- 本企畫內容若無問題，希望能於3月8日（三）開始實施

出處:

 18

本書於執筆之際，直接引用與參考的書籍非常少，下列都是我於工作之中參考的書籍。若是讀了本書，想繼續延伸閱讀的觀看者，請務必參考下列的書籍。

安宅和人（2010年）《從事件開始吧——知性的生產「簡單的本質」》、英治出版

アンドリュー＝ V ＝アベラ（2014年）《Encyclopedia of Slide Layouts: Inspiration for Visual Communication》、Soproveitto Press

内田和成（2006年）《假說思考 BCG流 問題發現・解決的發想法》、東洋経済新報社

大前研一（1999年）《企業參謀——什麼是戰略性思考》、プレジデント社

大前研一、斎藤 顕一（2003年）《實戰!問題解決法》、小学館

木部智之（2017年）《讓複雜的問題瞬間變得簡單的雙軸思考》、KADOKAWA

齋藤嘉則（1997年）《解決問題的專業「思考與技術」》、ダイヤモンド社

齋藤嘉則（2001年）《問題發現專業——「構想力與分析力」》、ダイヤモンド社

ジーン＝ゼラズニー（2004年）《麥肯錫圖解技術》、東洋経済新報社

ジーン＝ゼラズニー（2005年）《麥肯錫圖解技術　工作表》、東洋経済新報社

清水久三子（2012年）《專家級的資料製作力》、東洋経済新報社

菅野誠二（2009年）《PowerPoint商業簡報技巧 繪圖・思考・讓人採取行動的簡報》、翔泳社

菅野誠二（2017年）《外資顧問的簡報術——解決課題的思考方式＆說明方式》、東洋経済新報社

杉野幹人（2016年）《超・條列式——「快10倍，而且充滿魅力」的表達技術》、ダイヤ

モンド社

高田貴久 (2004年)《邏輯簡報術——有效率地表達意見的戰略顧問的「提案技術」》、英治出版

高橋佑磨、片山 なつ (2016年)《讓設計說話的基本知識 增訂版 妥善編排資料的規則》、技術評論社

竹島慎一郎(2004年)《超速簡報—大師祕傳的企劃&簡報30招》、アスキー・メディアワークス

田坂広志 (2004年)《企劃力 說出「感動人心的故事」的技術與心得》、ダイヤモンド社

出原栄一、吉田 武夫、渥美浩章 (1986年)《圖的體系—圖的思考與表現》、日科技連

照屋華子、岡田恵子 (2001年)《邏輯思考》、東洋経済新報社

中川邦夫 (2008年)《問題解決的全貌 上卷 硬思考篇 (用心綜覽全局，提升知的戰鬥力)》、コンテンツ・ファクトリー

中川邦夫 (2008年)《問題解決的全貌 下卷 軟思考篇 (用心綜覽全局，提升知的戰鬥力)》、コンテンツ・ファクトリー

中川邦夫 (2010年)《文件溝通的全貌 上卷 原則與步驟》、コンテンツ・ファクトリー

中川邦夫 (2010年)《文件溝通的全貌 下卷 技法與正式上場》、コンテンツ・ファクトリー

バーバラ＝ミント (1999年)《思考與書寫的技術—讓解決問題的能力成長的金字塔原則》、ダイヤモンド社

細谷功 (2014年)《具體與抽象 —得見世界變化的知性》、dZERO

前田 鎌利 (2015年)《製作公司內部簡報的技術》、ダイヤモンド社

三谷宏治 (2011年)《瞬間傳遞重要內容的技術》、かんき出版

三谷宏治 (2014年)《瞬間傳遞重要內容的技術》、KADOKAWA/中経文庫

山口周 (2012年)《外資顧問的投影片製作技術—圖解23招》、東洋経済新報社

吉澤準特 (2014年)《外資顧問也愛用 製作資料的基本知識 善用PowerPoint、Word、Excel，從「傳遞內容」→「讓人採取行動」的70個絕招》、日本能率協会マネジメントセンター

附錄

後記

從那時邀稿到現在，已經過了三年半了，其間與編輯大和田洋平幾經討論，才總算初現雛形。一開始，原本是準備寫一本常見的商務工具書，但經過多次討論後，得出「想寫出一覽資料製作全集的書」、「想寫成連同實踐技巧一併介紹的書」、「先寫一本由實例貫穿全文的書」、「想寫成一本讓觀看者一讀就懂的書」，基於上述的理想，便寫出一本超過500頁的巨著。

其實製作資料和簡報的確需要這麼多技巧，再加上全面性的考量。要將自己的想法寫進一封信或電子郵件，本來就很困難，更何況要整理成一份資料，那更是需要很多元、很全面的技巧。

一如本書開頭所述，整理這類資料有助於鍛鍊「工作核心技巧」。從與顧客溝通時的「說話順序」、「目標導向思考邏輯」以及根據假說採取行動的「假說思考」，與左腦相關的技巧幾乎都可在簡報及資料的製作流程中學會，如果大家覺得學不會這些商務技巧，建議試著依照本書介紹的方法，將自己的想法整理成資料。

這類「核心技巧」是想與外國客戶溝通，管理一群人或是想成為全球領袖的人必備的技巧，想累積自己的專業，在職場更上一層樓的讀者，希望你們一定要學會。

此外，除了商務場合，上述的技巧的應用也非常多元，例如法人、社團這類聚會活動而言，從以前到現在都很重要的文書溝通與把酒交心的溝通方式，今後還是會繼續。如果你具備了上述兩種溝通技能，只要再加上本書介紹的技巧，一定能成為你感動人心，讓別人願意採取行動的利器。無論是商務或是其他場合，左腦搭配右腦的全身運動型溝通方式想必會越來越

重要。

撰寫這本書的我一直覺得，讓每個人知道自己的使命，支援每個人走向更光明的未來是我的任務。除了簡報製作講座之外，還基於此目的，企劃了前往非洲莫三比克與南亞孟加拉共和國的學習之旅，並主辦規劃遠景並加以實踐的個人講座。

不過，想法若只停留在腦中運轉是無法實現的。我們要想實現夢想，必須掌握必要的「武器」，所以才會請大家將本書放在手邊，做為各位公私領域的武器使用。各位讀者若能透過本書介紹的技巧讓身邊的人了解自己的願望與欲望，並因這本書介紹的技巧而實現夢想，社會也因此變得更美好，對我來說，再也沒有比這更棒的事了。今後我也想繼續應援各位的「夢想」，提供大家需要的「武器」。

最後，要感謝於本書執筆之際，給予諸多協助的各界貴人。感謝在我還於「Monitor Group」服務時，給予眾多指導的各位前輩，尤其要感謝古澤剛與內海雄介，感謝他們在當時教我許多基本功。即使到了現在，仍從山田洋輔、大森暢仁及北村佳祐前輩們那得到許多良性的刺激。此外，也感謝株式會社Mediwill的城間波留人、NPO法人very50的管谷亮介，感謝他們幫助我主辦簡報資料製作講座，也才有機會寫出這本書。感謝株式會社Togeru的小山拓，在每月的講座給予無數貼心的支援。感謝street-academy株式會社的藤本崇、窗岡順子，從講座還未具知名度時便給予無數的建議。我覺得，若沒有與上述各位相遇，絕對無法寫出本書。在此，由衷致上感謝。

非常感謝大塚雄之、渡邊浩良、丸雄武司提點與挑戰簡報資料製作講座的內容，本書的內容才能更上一層樓。感謝資料製作講座的畢業學員植木陽子與下宮奈月協助本書的圖版製作。感謝佐藤匠、戶塚淳對於本書的回

饋。感謝株式會社Rubato的員工小菅慶一、高橋基成、渡邊繪美以及前員工根岸秀彰在業務上的支援。我之所以能在有限的時間寫出本書，都是因為大家的一臂之力，在此誠心獻上感謝。

與株式會社BNI的中村一、田村崇大這兩位相遇，我才知道我該往哪個方向前進。在九段下車站附近的辦公室工作，真的非常開心，也非常感謝這兩位。

感謝Rubato歷任的工讀生，如中路翔、田中將介、篠原侑子、藤愛美、小池真太郎、倉澤美乃莉、加納敬一、久保劍將以及小林日奈，雖然彼此所處的世代不同，我卻從他們身上得到許多新的想法，在此也感謝他們。

我也從戰略簡報資料製作講座近1,000名學員身上學到許多東西。感謝高階教練小泉曉子從初期的構想階段就給予諸多回饋，也於執筆寫書的行程給予建議。感謝顧問塚本貢也總是給予許多新鮮的觀點，真的萬分感謝。

最後要感謝的是，在老家寫書時，總在一旁照顧的父母親。最重要，也最需要感謝的，就是在長達三年的漫漫執筆之日給予鼓勵的妻子文香，感謝她的倍伴。

2018年12月

株式會社Rubato董事長

松上純一郎

PowerPoint 必勝簡報原則 154

作　　者 | 松上純一郎
譯　　者 | 許郁文

責任編輯 | 石詠妮 Sheryl Shih
責任行銷 | 朱韻淑 Vina Ju
封面裝幀 | 柯俊仰 Jyun Yang
版面構成 | 張語辰 Chang Chen
校　　對 | 葉怡慧 Carol Yeh

發 行 人 | 林隆奮 Frank Lin
社　　長 | 蘇國林 Green Su

總 編 輯 | 葉怡慧 Carol Yeh
日文主編 | 許世璇 Kylie Hsu
行銷主任 | 朱韻淑 Vina Ju
業務處長 | 吳宗庭 Tim Wu
業務主任 | 蘇倍生 Benson Su
業務專員 | 鍾依娟 Irina Chung
業務秘書 | 陳曉琪 Angel Chen
　　　　　 莊皓雯 Gia Chuang

發行公司 | 悅知文化　精誠資訊股份有限公司
地　　址 | 105台北市松山區復興北路99號12樓
專　　線 | (02) 2719-8811
傳　　真 | (02) 2719-7980
網　　址 | http://www.delightpress.com.tw
客服信箱 | cs@delightpress.com.tw
ISBN：978-626-7288-73-3
二版一刷 | 2023年08月
建議售價 | 新台幣490元

本書若有缺頁、破損或裝訂錯誤，請寄回更換
Printed in Taiwan

國家圖書館出版品預行編目資料

PowerPoint必勝簡報原則154／松上純一郎作；
許郁文譯. -- 二版. -- 臺北市：悅知文化精誠資
訊股份有限公司, 2023.08
　面；　公分
ISBN 978-626-7288-73-3 (平裝)
1.PowerPoint

312.49P65　　　　　　　　　　　　109002966

建議分類 | 商業理財・商務實用

原書STAFF
封面設計 | 水戶部功
內文設計 | Link Up
編排、圖版製作 | Link Up
編　　輯 | 大和田洋平

PowerPoint SHIRYO SAKUSEI PROFESSIONAL
NO DAIGENSOKU by Junichiro Matsugami
Copyright © 2019 Junichiro Matsugami
All rights reserved.
Original Japanese edition published by Gijut-
su-Hyoron Co., Ltd., Tokyo

This Traditional Chinese edition published by ar-
rangement with Gijutsu-Hyoron Co., Ltd., Tokyo
in care of Tuttle-Mori Agency, Inc., Tokyo through
Future View Technology Ltd., Taipei.

線上讀者問卷

閱讀時眼睛舒服嗎？拿久了會覺得手痠嗎？

茫茫書海中，你能與這本書相遇，絕非偶然。

想知道你喜歡哪些內容？

小小聲問，喜歡這本書的包裝與封面設計嗎？（我們很喜歡）

悅知夥伴們有好多個為什麼，
想請購買這本書的您來解答，
以提供我們關於閱讀的寶貴建議。

請拿出手機掃描以下 QRcode
或輸入以下網址，即可連結至本書讀者問卷

http://bit.ly/2WevN4X

填寫完成後，按下「提交」送出表單，
我們就會收到您所填寫的內容，
謝謝撥空分享，
期待在下本書與您相遇。

悅知文化
Delight Press